中国大学慕课（MOOC）课程配套教材

Xilinx FPGA 原理与实践

——基于 Vivado 和 Verilog HDL

卢有亮　编著

U0156253

机械工业出版社

本书以目前流行的 Xilinx 7 系列 FPGA 的开发为主线，全面讲解 FP-GA 的基础及电路设计、Verilog HDL 语言及 Vivado 的应用，并从组合逻辑和时序逻辑的开发开始，逐渐深入到 FPGA 的基础应用、综合应用和进阶应用。本书具有理论和实践紧密结合的特点，在内容的设计上既重视学生对基础理论知识的认知过程，又通过由易到难的 19 个工程实例逐步提高学生的理论知识水平及开发能力，为学生提高 FPGA 设计开发能力及提高知识应用素质提供平台与指导。通过本书的学习和实践，学生能够达到初级 FPGA 开发工程技术人员的水平。

本书适合于电子信息类、电气类、自动化类、计算机类、仪器类、能源动力类、航空航天类相关专业学生学习，也适合于广大 FPGA 开发工程技术人员参考。

本书配有免费电子课件、教案、实验指导书及教学视频等相关教学资源，欢迎选用本书作教材的教师发邮件到 jinacmp@ vip. 163. com 索取，或登录 www.cmpedu. com 下载。

图书在版编目（CIP）数据

Xilinx FPGA 原理与实践：基于 Vivado 和 Verilog HDL/卢有亮编著 . —北京：机械工业出版社，2018.5（2025.1 重印）

中国大学慕课（MOOC）课程配套教材

ISBN 978- 7- 111- 59334- 8

Ⅰ. ①X… Ⅱ. ①卢… Ⅲ. ①可编程序逻辑器件–系统设计–高等学校–教材 Ⅳ. ①TP332. 1

中国版本图书馆 CIP 数据核字（2018）第 042908 号

机械工业出版社（北京市百万庄大街 22 号 邮政编码 100037）
策划编辑：吉 玲 责任编辑：吉 玲 王小东
责任校对：张 薇 封面设计：张 静
责任印制：李 昂
北京捷迅佳彩印刷有限公司印刷
2025 年 1 月第 1 版第 8 次印刷
184mm×260mm · 15. 25 印张 · 368 千字
标准书号：ISBN 978- 7- 111- 59334- 8
定价：45. 00 元

电话服务   网络服务
客服电话：010- 88361066   机 工 官 网：www. cmpbook. com
     010- 88379833   机 工 官 博：weibo. com/cmp1952
     010- 68326294   金 书 网：www. golden- book. com
封底无防伪标均为盗版   机工教育服务网：www. cmpedu. com

在电子信息领域，现场可编程门阵列（FPGA）广泛地应用在工业、军事、医疗、商业、能源等各个行业。普通高校中通信、电子信息、自动化等专业大多都需要开设与 FPGA 相关的课程。

一般情况下，学习 FPGA 的最直接支撑课程是数字电路。掌握 FPGA 的开发将拓宽学生的知识面，学生会将学到的内容转化为工程实际应用，对于学生的进一步深造及有竞争力的就业都有极大的帮助。

我从多年数字电路课程的教学及 FPGA 选修课的教学中，以及多年的工程实践中提炼了一些经验和教训，以写书作为一个小小的总结。希望学生通过学习本书能够达到 FPGA 开发工程技术人员的初步水平。

本书选用的是 Xilinx Artix-7 系列的 FPGA，因为它的技术相对新且具备较高的性价比。另外，这种 FPGA 还有可供开发者直接使用的 IP 核资源，开发工具就是 Xilinx 最新的 Vivado 开发套件，编程语言选择 Verilog HDL。为了便于学生的学习，书中有关 FPGA 电路板配置的电路图保留了厂家的画法。

本书的第一条线索是工程，我在自己设计的硬件平台上编写和实现了 19 个由易到难、循序渐进的工程实例，而这些工程实例很多是近年来教学的总结，这些实例分散在第 3 章~第 7 章。例如最简单的工程是多数表决器，就是第 3 章组合逻辑设计实践的第一个工程，非常有利于读者入门，通过这个工程实例，学生可掌握开发的各个步骤，巩固 HDL 语言，是"我的第一个工程"。最后一个工程是实现简单的示波器，需要一些运算和处理，调用前面工程实现的模块和 IP，最后为了调试加入的 Vivado 内置逻辑分析仪可解决调试方面的问题。所有的工程在附录中都有相应表格，方便读者查找。

第二条线索是工程 Verilog HDL 的学习。在第 2 章是关于 Verilog HDL 的基础内容，建议学生快速学习，然后通过后续章节的实践来真正掌握它，并不需要死记硬背。

第三条线索就是 Vivado 的开发，包括 Vivado 安装、工程和文件的组织、综合实现及下载、引脚约束、仿真、电路查看、IP 核的使用和设计、Vivado 下 XADC 及 BRAM 的开发、内置逻辑分析仪的使用等。如果把 Vivado 的开发作为 1 章，一个菜单一个菜单地描述，将是效率最低的方法。因此在第 2 章的后部分进行简单的描述，然后在后续章节的实践中一点一点地应用，自然就掌握了 Vivado。

第四条线索是数字电路的应用，因此第 3 章是组合逻辑设计，第 4 章是时序逻辑设计。我认为数字电路是学习 FPGA 的基础，而通过 FPGA 实践能够真正掌握数字电路的内容。

本书的章节设计是：

第 1 章是 FPGA 基础及电路设计，后续的开发需要知道引脚的分配，所以将电路设计放在最前面。这一章不需要详细讲，建议不超过 6 个学时。

第 2 章是 Verilog HDL 语言与 Vivado。本章所讲的 Verilog HDL 足够用了，都是精华，但需要更少的学时，因为笔者知道学时非常紧张。建议 6~8 个学时。

第 3 章是组合逻辑电路设计与 Vivado 进阶，包含了"我的第一个工程"，反复地设计多数表决器。第二个工程就使用了 IP 核，第三个工程就用第二个工程的 IP 核来实现。内容虽然少，但是可以用 6~8 个学时，让学生真正掌握，原因是这个时候学生的 Verilog HDL 编程能力还不够强。这章后面给出的习题，都可以作为课程设计的内容。

第 4 章是时序逻辑电路 FPGA 实现，通过本章的学习，学生如果认真实践，能够较深入地掌握数字电路，对 FPGA 的开发也能够更加熟练。建议用 8~10 个学时。

第 5 章是 FPGA 基本实践，实现流水灯、数码管动态显示及 VGA 显示工程，将进一步提高学生的开发和应用能力。教师可以主要讲其中的 2~3 个工程实践，其他的留给学生自学和自己实践，然后通过答疑和讨论课来解决问题，培养学生的自主学习能力和自主实践能力。建议8~12 个学时。

第 6 章是 FPGA 综合实践，包括了两个设计与实现：电子秒表的设计与实现、串行异步通信的设计与实现。电子秒表是一个比较好的综合性实践，建议只对于学习了微机原理的学生讲串行异步通信的设计与实现部分。建议用 4~8 个学时。

第 7 章 FPGA 进阶原理部分的教学是 7 系列 FPGA 芯片的 XADC 及 BRAM，在这个基础上进一步掌握使用 Verilog 语言和 IP 核等技术进行模拟量采集及存储器访问的项目开发的流程，并实现一个多通道电压表实例及一个示波器实例。建议至少应讲解电压表的实现。示波器的实例可以给学生们做自学或挑战式学习。建议6-8 个学时。

附录 A 是引脚说明文件，是我设计的实验板的基础文件，对看懂电路原理有帮助。

附录 B 是实验板资源，包括了所有引脚的说明，做约束文件时必须参考。

附录 C 是一种实验或课程设计教学安排，供教师布置实验题或课程设计题时参考。

附录 D 是所有工程例程的分章节汇总。

附录 E 是一个大而全的约束文件，为读者实现约束文件节约时间。

本书的教学视频和相关资源，将放在中国大学（icourse163. org）慕课上，课程名称为"数字设计 FPGA 应用"。本书的代码和课件、教案、实验指导书等相关资源可以在机械工业出版社教育服务网（www. cmpedu. com）上获取。也可以在爱板网（www. eeboard. com/bp）获取和交流。配套实验板的更多信息可以在附录 B 获取。

电子科技大学的姜书艳、陈瑜、井实老师对书籍的编写及例程的设计给予了支持和协助。本书的实验电路板主要由本人及连利波硕士设计，赵鹏、谢雄及张桓源也参与了部分工作。

感谢机械工业出版社吉玲编辑的大力支持，并和我对书籍的写作进行了大量的交流，提出了非常好的建议。另外，还要感谢选择本书的同行及给予我很多建议、支持和帮助的朋友。

卢有亮

于电子科技大学

Contents 目 录

第 1 章

FPGA基础及电路设计

进入现场可编程门阵列（FPGA）的世界，需要初步掌握 FPGA 的基本原理，只有掌握 FPGA 的基本原理和结构才能更好地开发基于 FPGA 的或 FPGA 和其他系统混合的应用。

本章首先对 FPGA 的原理进行讲解，并结合目前流行的 Xilinx 7 系列 FPGA 进行相关原理和结构的分析，并就 Artix V7 系列芯片做重点分析。

实践是掌握技术的有效手段，在后续的章节需要使用 FPGA 电路板进行大量的实践，因此需要掌握电路板的接口信息。因此，本章包含了 FPGA 电路板的基本电路设计，一方面可以更好地实践和应用，另一方面对于 FPGA 硬件的设计具有参考价值。

总之，通过本章的学习，将会迅速地进入 FPGA 的世界，并为后续的学习打下基础。

1.1 FPGA 基础及 7 系列 FPGA 基本原理

本节围绕 FPGA 及 Xilinx 7 系列 FPGA 的结构展开，包含 FPGA 的相关概念及原理，以及 7 系列 FPGA 的基本原理和特性。

1.1.1 FPGA 概述

FPGA（Field-Programmable Gate Array），即现场可编程门阵列，是在 PAL、GAL、CPLD 等可编程器件的基础上进一步发展的产物。它是作为专用集成电路（ASIC）领域中的一种半定制电路而出现的，既解决了定制电路的不足，又克服了原有可编程器件门电路数量有限的缺点。

FPGA 的应用面是非常广泛的，现代的测量仪器，例如示波器、逻辑分析仪、频谱分析仪等测量仪器中的高速数据采集和处理都使用了 FPGA，具体来说就是采用 FPGA 将高速 AD 采集的数据进行处理和存储。信号发生设备，例如任意波发生器、数字 IO 等也使用 FPGA 完成对时序要求很高、效率要求很高的工作。在其他的领域，尤其是通信、医疗、军工、生产、航空等领域也大量地使用 FPGA。

本书针对的是目前流行的 Xilinx Artix-7 系列的 FPGA。该系列芯片面向于成本敏感型解决方案，平均功耗较前代产品降低一半，并针对高带宽应用提供相比于同类产品最佳的信号处理功能。在相同功耗预算下，设计人员可以获得两倍的逻辑密度。Xilinx Artix-7 系列器件以 28nm 高性能低功耗（HPL）工艺为基础而构建，可为便携医疗设备、军用无线电和小型无线基础设施等产品提供同类最佳的单位功耗性能。尤其适合于满足航空电子和通信等领域的尺寸、重量、功耗和成本敏感型市场需求。另外，这种 FPGA 还提供大量的可供开发者直接使用的 IP 核，目前是市场的主流，因此学习 Xilinx 的 7 系列 FPGA 具有很高的应用价值。

以硬件描述语言（Verilog HDL 或 VHDL）所完成的电路设计程序，可以经过综合与布局，快速地下载至 FPGA 电路板上进行测试和验证。这些可编辑元件可以被用来实现一些基本的逻辑门电路（比如 AND、OR、XOR、NOT）或者更复杂一些的组合功能，比如解码器或其他的数学方程式。在大多数的 FPGA 里面，这些可编辑元件里包含记忆元件，例如触发器（Flip-flop）或者其他更加完整的记忆块（如存储器等）。

系统设计师可以根据需要通过可编辑的连接把 FPGA 内部的逻辑块连接起来，就好像一个电路试验板被放在了一个芯片里。一个出厂后的成品 FPGA 的逻辑块和连接可以按照设计者的设计而改变，所以 FPGA 可以完成所需要的逻辑功能。

FPGA 一般来说比 ASIC（专用集成电路）的速度要慢，实现同样的功能比 ASIC 电路面积要大，因为 FPGA 并不是专用的，总会有一些电路在最后使用不上。但是 FPGA 可以设计成任何数字逻辑来完成不同的功能，因此应用范围十分广泛。另外，FPGA 可以快速成品，可以更迅速地改正程序中的错误，具有更便宜的价格。设计专用芯片时，如果在数量上没有优势的话，那么成本是惊人的，就不如使用通用的 FPGA。而且，FPGA 的功能也在不断地进行拓展，例如 Artix-7 FPGA 目前已经具有多通道高速模拟量采集（ADC）功能，这在其前面的产品中是没有的。另外在 FPGA 内部还可以设计 CPU，与 FPGA 内设计的其他模块相配合，就使很多的设计更容易实现。

FPGA 的应用场合非常多，而且逻辑性非常强，是 ARM 等嵌入式系统达不到的，因此应用面非常广。对于电子信息类及相关专业的本科生、研究生来说，掌握 FPGA 的开发是必需的技能之一。

1.1.2　FPGA 基本逻辑结构

Xilinx FPGA 采用了逻辑单元阵列（LCA，Logic Cell Array）的概念，内部包括可配置逻辑模块（CLB，Configurable Logic Block）、输入输出模块（IOB，Input Output Block）和内部连线（Interconnect）三个部分。

FPGA 是可编程器件，与传统逻辑电路和门阵列（如 PAL、GAL 及 CPLD 器件）相比，FPGA 具有不同的结构。Xilinx FPGA 利用小型查找表（16×1 RAM）来实现组合逻辑，每个查找表连接到一个 D 触发器的输入端，通过触发器再去驱动其他逻辑电路或驱动输入输出（I/O），由此构成了既可实现组合逻辑功能又可实现时序逻辑功能的基本逻辑单元模块。这些模块间利用金属连线互相连接或连接到 I/O 模块。

FPGA 的逻辑是通过向内部静态存储单元（查找表）加载编程数据来实现的，存储在存储器单元中的值决定了逻辑单元的逻辑功能以及各模块之间或模块与 I/O 间的连接方式，并最终决定了 FPGA 所能实现的功能。

如图 1-1 所示，这个查找表实现的逻辑电路是一个四输入的与门，左下的真值表表示的其实就是 f = a&b&c&d。

图 1-1 右半边是 FPGA 使用查找表实现了这个逻辑。通过对 RAM 的写操作，在地址 1111 写 1，在其他的地址写 0，就可以实现四输入与门的逻辑的逻辑功能。从数字逻辑的原理分析，使用 16 个 1 位的寄存器组成的 16×1 的 RAM 可以实现任何的四输入逻辑函数。

如图 1-2 所示的 FPGA 的 Slice 结构中，这个结构是 7 系列 FPGA 共有的。每个 Slice 包

实际逻辑电路		LUT 的实现方式	
a,b,c,d 输入	逻辑输出	地址	RAM 中存储的内容
0000	0	0000	0
0001	0	0001	0
…	0	…	0
1111	1	1111	1

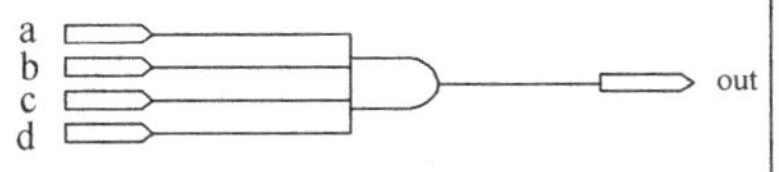

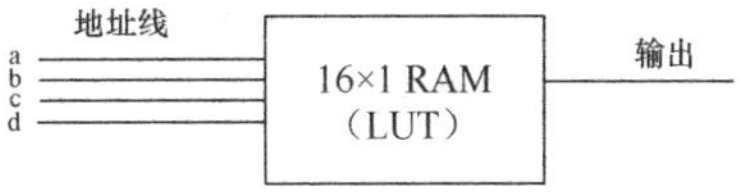

图 1-1　查找表原理

含了 4 个 6 输入的查找表（LUT），每个查找表都对应地配置了 2 个 D 触发器，所有的 D 触发器在统一的时钟 CLK 作用下工作，因此属于数字逻辑中时钟同步状态机的范畴。6 输入查找表具有 2^6 个存储单元，存储的数值为 000000 ~ 111111，可以实现任何的 6 输入逻辑函数。因此配置查找表的各个单元的内容，就可以实现逻辑函数。另外，查找表既然本身是存储器，也可以直接作为存储器使用。

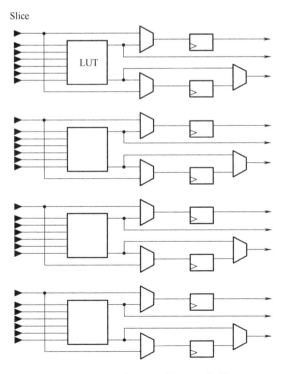

图 1-2　7 系列 FPGA 的 Slice 结构

可配置逻辑块（CLB）是 Xilinx FPGA 体系结构的核心。Xilinx FPGA 包含多个 CLB，在 CLB 中又包含多个 Slice，每个 Slice 又有多个查找表、进位链和寄存器。通过配置，这些 Slice 就可以实现逻辑运算、算术运算、内存功能、移位寄存器功能等。

如图 1-3 所示，所有的 7 系列 FPGA 使用相同的逻辑结构：每个 CLB 包含 2 个 Slice。Slice 在 FPGA 7 系列体系结构分为两类：能够实现补码运算、移位寄存器、存储器功能的 Slice，称为 SliceM；只能实现逻辑函数的查找表，称为 SliceL。采用这种策略，全功能 SliceM 结合简单功能的 SliceL，它们配合使用，使芯片在保证能力和性能的同时，实现低成本和低功耗。

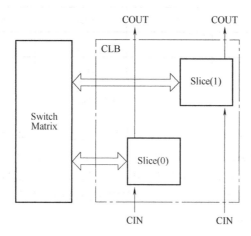

图 1-3　7 系列 FPGA 的 CLB 结构

图 1-4 表明查找表（LUT）和寄存器的连接关系，仅包含了 1 个查找表和 2 个寄存器，省略了进位链。完整的 Slice 包含 4 个 6 输入查找表（LUT）和 8 个 1 位寄存器。

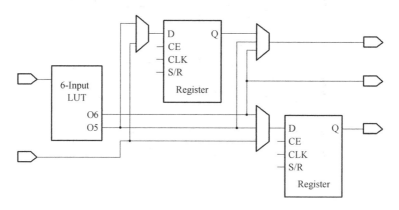

图 1-4　7 系列 FPGA 的 Slice 细节结构

图 1-5 和图 1-6 是完整的 SliceM 及 SliceL 逻辑框图。

1.1.3　7 系列 FPGA CLB

本书主要研究和使用的器件为 Artix-7 系列的 FPGA，型号为 xc7a35tftg256-1，在 Artix-7

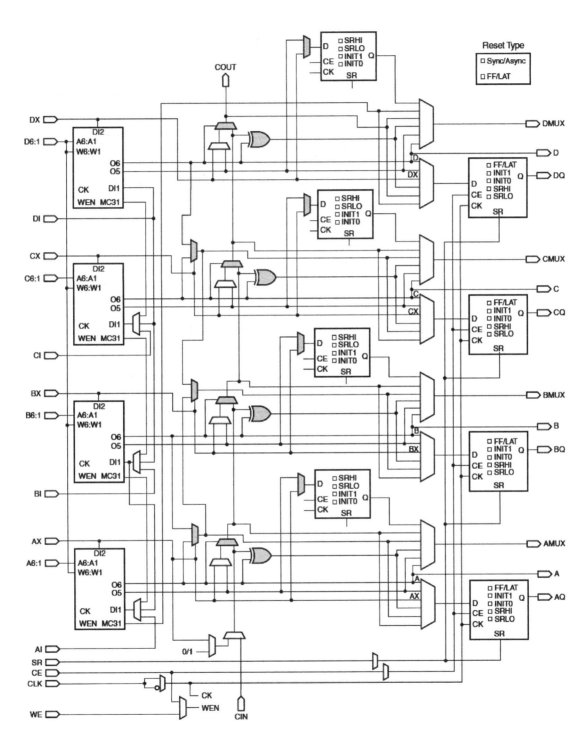

图 1-5　7 系列 FPGA 的 SliceM 逻辑框图

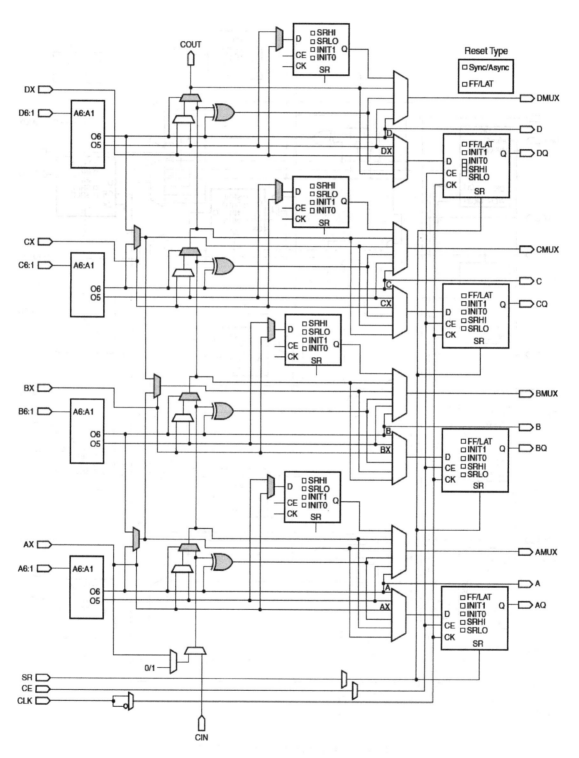

图 1-6　7 系列 FPGA 的 SliceL 逻辑框图

中处于中端,具有较高的性价比。

通过查看官网下载的器件手册可知,该芯片具备 5200 个 Slice,其中 3600 个 SliceL,1600 个 SliceM。每个 Slice 包含 4 个 6 输入查找表(LUT),因此一共有 20800 个查找表。Artix-7A35T 可以分配 400Kb 的分布式 RAM,200Kb 的移位寄存器,41600 个触发器。

另外,xc7a35tftg256-1 还具有额外的 90 个专用于 DSP 的 Slice 用于数字信号处理。18kbit 的块内存 BRAM(块 RAM)100 个,36kbit 的 BRAM50 个用于内存。另外还具有 XADC 和 PCIE 接口。

CLB 是 Artix-7A35T 的主要组成部分,FPGA 上功能逻辑的实现主要是由对 CLB 的配置而完成的,而 CLB 又是由查找表、存储逻辑和其他组合逻辑实现。

1. 查找表

7 系列的 FPGA,包括 Artix-7A35T,每个查找表 LUT 都有 1 个 6 输入和 2 个独立的输出。如图 1-5 和图 1-6 所示,每个 Slice 的四个查找表分别输入为 A、B、C 和 D。每个查找表可以实现 6 输入的逻辑函数,或者 2 个 5 输入的逻辑函数,或者 2 个小于 5 输入的逻辑函数。

当实现 6 输入逻辑函数时,A1 ~ A6 为输入,O6 为输出。

当实现 2 个小于等于 5 输入的逻辑函数时,A1 ~ A5 为输入,O5 和 O6 为输出,A6 拉高。

2. 存储元件

每一个 Slice 具有 8 个存储元件,图 1-7 单独将存储元件提出,右边 4 个可以配置为锁存器或触发器,左边的 4 个只能配置为触发器。其中右边的 4 个存储元件的输入通过多路开关选择,可以使用对应的查找表的输出,或者用外部的输入。

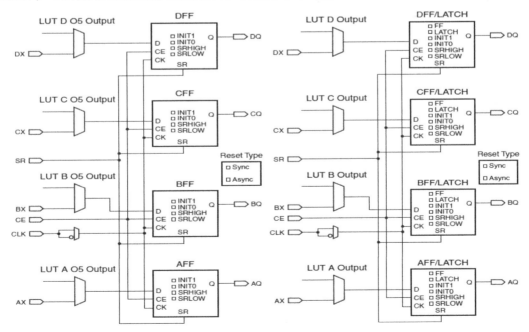

图 1-7　7 系列 FPGA 的存储部件逻辑框图

另外左边的 4 个只能配置为 D 触发器。这 4 个 D 触发器的输入可以是查找表 LUT 的输出，也可以是 AX、BX、CX 或 DX 的直接输入。额外的规定是，当右边的存储元件被配置为锁存器时，这 4 个触发器不能被使用。

控制信号有时钟信号（CLK）、高有效的时钟使能信号（CE）和高有效的置位/清零信号（SR），这些信号作用于 Slice 中的所有存储元件。因此，当一个触发器 SR 和 CE 有效时，其他的触发器的 SR 和 CE 也同时有效。只有时钟信号的触发极性是可编程的，因此，既然可以设置为任何的边沿触发，任何在设计时放置的对时钟反向的反相器都会被自动地优化（吸收）掉，这是不应该在设计中随便对时钟反向的基本原因。

存储元件的可配置属性包括：

1）SRLOW：SR = 0，当 SR 有效的时候，同步或异步复位触发器或锁存器。

2）SRHIGH：SR = 1，当 SR 有效的时候，同步或异步清零触发器或锁存器。

3）INIT0：上电或芯片全局复位的时候，异步复位触发器或锁存器。

4）INIT1：上电或芯片全局复位的时候，异步置位触发器或锁存器。

同步复位即当信号有效的时候，当时钟有效边沿到来时进行复位；异步复位就不需要等待同步时钟的到来，立即进行复位。

3. 分布式 RAM 资源

SliceM 可以配置为同步随机存储器（RAM）资源，因为这些 RAM 可以分布在 FPGA 的各个 SliceM，被称为分布式 RAM 元件。多个查找表可以组合成一定容量的 RAM，通过对 SliceM 的配置就可以实现对 RAM 的配置。RAM 可以配置为以下容量：

- 单端口 $32 \times 1\text{-bit}$ RAM，1LUT
- 双端口 $32 \times 1\text{-bit}$ RAM，2LUT
- 四端口 $32 \times 2\text{-bit}$ RAM，4LUT
- 双端口 $32 \times 6\text{-bit}$ RAM，4LUT
- 单端口 $64 \times 1\text{-bit}$ RAM，1LUT
- 双端口 $64 \times 1\text{-bit}$ RAM，2LUT
- 四端口 $64 \times 1\text{-bit}$ RAM，4LUT
- 双端口 $64 \times 3\text{-bit}$ RAM，4LUT
- 单端口 $128 \times 1\text{-bit}$ RAM，2LUT
- 双端口 $128 \times 1\text{-bit}$ RAM，4LUT
- 单端口 $256 \times 1\text{-bit}$ RAM，4LUT

分布式 RAM 模块是同步资源，对一个 Slice，所有的触发器有统一的时钟输入。CE 信号用于使能 SliceM。当 CE 有效时，读（RD）信号有效的时候就可以在时钟有效边沿读出 RAM 中的数据，写信号有效（WE）时可以在时钟有效边沿将数据写入分布 RAM 中。

1.1.4 7 系列 FPGA 的 IOB

CLB（可配置逻辑块）可以实现 FPGA 的功能，但要和外界打交道，就必须有与外界电平兼容的输入输出 IO 接口，这就是 IOB（输入输出块）。因此，FPGA 中除了数量众多的 CLB，还有数量众多的 IOB。

输入输出接口是 FPGA 对外的接口，7 系列 FPGA 的输入输出都配置在输入输出块

（IOB）中。为兼容多种输入输出标准，FPGA 的 IOB 功能比较复杂。所有的 7 系列 FPGA 都具有可配置的 SelectIO 驱动和接收，支持多种接口标准。7 系列 FPGA 的 IO 引脚也可以称为 SelectIO 引脚。这些 IO 可以编程设置输出能力、转换速率（上升下降时间）、数控阻抗（DCI）。这些端口还可以设置为单端模式或者差分模式，并可以设置上拉或下拉电阻。

7 系列 FPGA 具有多个 IO BANK（可以理解为 IO 的分组），每个 BANK 具有 50 个 IOB，具体的 BANK 的数量取决于 FPGA 的尺寸和封装。例如 XC7K325T 具有 10 个 I/O BANK。

图 1-8 为 XC7K325T 的 IO BANK。

因为 xc7a35tftg256-1 只有 256 个引脚，所以只具有 4 个 IO BANK，分别是 BANK14、BANK15、BANK34 和 BANK35，其中 BANK34 只有部分引脚是可用的。

IO 引脚可以配置多种输入输出标准，当配置为单端模式时，例如按键输入、LED 驱动等，可以设置为 LVCMOS、LVTTL、HSTL、PCI、SSTL 电平标准。当选择差分输入输出模式（2 个 IO 引脚差分输入或输出）时，可以设置为 LVDS、Mini_LVDS、RSDS、PPDS、BLVDS，以及差分 HSTL 和 SSTL 标准。这样的功能可以增强 FPGA 的应用范围，处理不同类型的信号。这就如同跟美国人说话就讲英语，和法国人说话就讲法语。

7 系列的 FPGA 引脚还分为高效引脚（HP，high-performance）和宽范围（HR，high-range）引脚。HP 引脚追求高效率，例如用来高速访问存储器

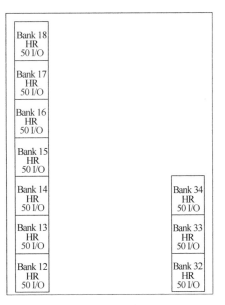

图 1-8　XC7K325T 的 IO BANK

和其他的芯片间接口，电压最高 1.8V。HR 引脚则为满足宽范围应用的 IO 标准，最高电压可以达到 3.3V。

图 1-9 所示为 HP IOB，图 1-10 所示为 HR IOB。T 信号用于控制输入输出三态，DCITERMDISABLE 设置 DCI 功能无效。DIFFI_IN 用于设置是否采用差分模式。

在大多数的 7 系列 FPGA 器件中，在每一个 BANK 的最后两个引脚是仅能配置为单端模式的，其他的引脚都可以配置为单端或差分模式。

1.1.5　7 系列 FPGA 及 7a35tftg256-1 特性

根据官方资料 Xilinx 7 系列 FPGA 具备以下的特性。

1）改进的高效 6 输入查找表技术，可配置为分布存储器。

2）内置先入先出逻辑的 36KB 双端口块内存用于片内数据缓存。

3）高效的 SelectIO 技术，支持 DDR3 接口，采样率高达 1866Mbit/s。

4）内置串行千兆位收发器（multi-gigabit transceivers），收发频率从 600Mbit/s 到最高的 6.6Gbit/s，直到 28.05Gbit/s。

5）用户可配置的模拟输入接口（XADC），具有双 12bit 1MSPS 模数转换器，并带有内部温度、电压传感器。

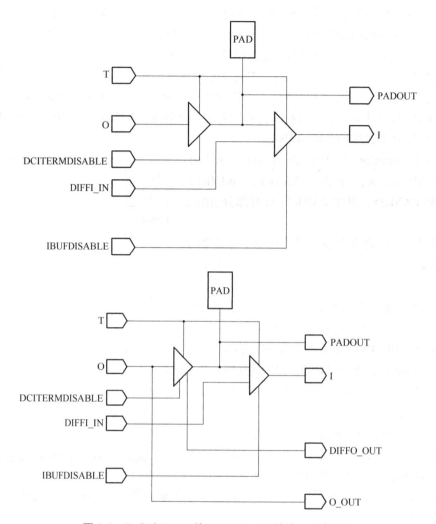

图 1-9　7 系列 FPGA 的 HP IOB（上单端，下常规）

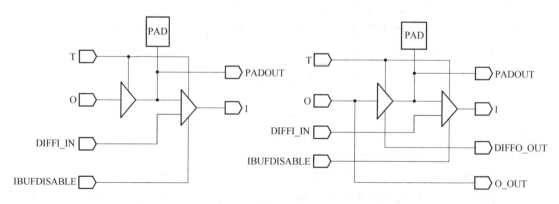

图 1-10　7 系列 FPGA 的 HR IOB（左单端，右常规）

6）具有 DSP 专用 Slice，带有 25×18 乘法器，48 位进位累加器。

7）时钟管理块（CMT）及结合锁相环（PLL）和混合模式时钟管理器（MMCM），具有高精度和低抖动优点，可实现分频和倍频、相位移动等功能。

8）集成 PCIE 接口模块。

9）大量的可配置选项。

10）28nm 高效低功耗、低内核电压、低成本设计。

Artix-7 FPGA 可选-3、-2、-1、-1li，和-2l 速度等级，其中-3 等级具有最高的性能。Artix-7 FPGA 主要操作在 1.0V 内核电压下，具有-1li 和-2l 属性的设备速度等级，但有较低的静态功耗和动态功耗。器件 xc7a35tftg256-1 具有-1 的速度等级。

7a35tftg256-1 的内核电压 VCCINT 电压最大 1.1V，通常工作在 1.0V。辅助设备电压 VCCAUX 最高为 2.0V，通常为 1.8V。BRAM 电压 VCCBRAM 电压最大 1.1V，通常工作在 1.0V。I/O 端口电压 VCCO 最高为 3.6V，通常为 3.3V。因此在设计包含 FPGA 的电路板，需要设计不同的电压源。

7a35tftg256-1 中的 ftg256 为封装，即 FTG256 封装。该封装尺寸为 17mm × 17mm，IO 接口 170 个，类型为 HR（宽范围输入输出电压，支持电压范围为 1.2 ~ 3.3V）。电路板辅助设备电压为 3.3V，IO 输出电压理想值为 3.3V。

后续的小节将进入电路板电路设计部分。当进行 FPGA 的开发时，必须知道电路板的连接关系，例如是哪个端口驱动了 LED 等，因此要对实验电路有一定的了解。另外，当需要设计电路的时候，可以参考本书的电路设计。

1.2　FPGA 电路设计

基于 Xilinx xc7a35tftg256-1 的电路板为配合 FPGA 学习使用，该电路板体积小、便于携带，加上一台笔记本电脑就可以完成口袋实验室的搭建。掌握 FPGA 的基本电路设计对于 FPGA 的功能设计与实现是必须的，例如进行约束时需要对应到引脚，要点亮 LED 就必须知道并在工程中描述接口关系。

1.2.1　FPGA 的 BANK 电路

如图 1-11 所示，xc7a35tftg256-1 分为 BANK14、BANK15、BANK35 和 BANK34 四个 BANK。本书附录 A 列出了引脚文件的详细信息。对于不同的芯片，在设计 PCB 及进行开发时需要到厂商网站下载对应的文件。

例如 BANK14 上的引脚名称是 IO_L2IP_T3_DQS_14，对应引脚 T7。该引脚的网络标号是 LED1，实际上是连接到发光 LED 的阳极，当该引脚为高电平时，LED1 将点亮。所有名称带有 IO 的引脚都可以当作 IO 引脚使用。另外该引脚还具有 L2IP、T3 和 DQS 的功能。如果使用者查阅厂家提供的手册使用该引脚实现其他的功能，就不能够同时当做普通的 IO 使用。当使用 Vivado 进行引脚约束的时候，使用引脚号 T7 就可以了。

图 1-11 所示引脚为 FPGA 的功能引脚，包括了 IO 及其他功能引脚，FPGA 的电源功率引脚如图 1-12 所示。

如图 1-12 所示，VCCINT 是内核电源部分，采用 1.0V 供电。VCCBRAM 是片内 BRAM 电源部分，采用 1.0V 供电。VCCO 是 IO 电源，采用 3.3V 供电。VCCAUX 是辅助电路电源，采用 1.8V 供电。另外，VCCADC 是模数转换 XADC 电源，采用 1.8V 供电。在靠近每个电

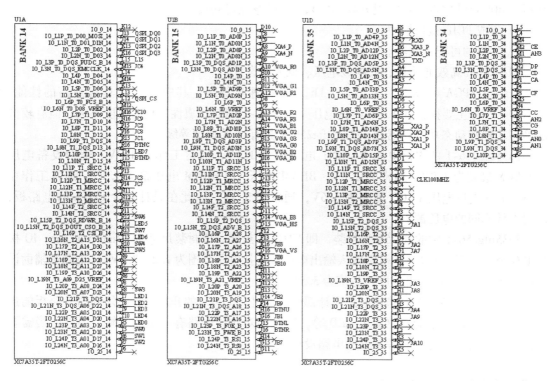

图 1-11 FPGA 分 BANK 原理图

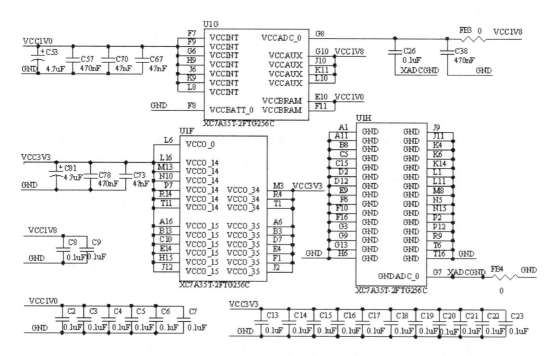

图 1-12 FPGA 电源功率引脚原理图

源引脚处都应连接去耦电容。

1.2.2　LED 驱动电路

LED 驱动电路非常简单，FPGA 的输出 I/O 口的驱动能力足够驱动 LED 点亮，因此可以采用如图 1-13 所示的电路。

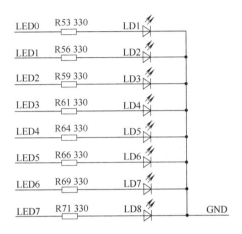

图 1-13　电路板 LED 驱动电路图

结合图 1-11，电路板的 LED 引脚分配如表 1-1 所示。

表 1-1　电路板 LED 引脚分配

引　　脚	功　　能	类　　型	方　　向	备　　注
R5	LED0	IO	输出	高有效
T7	LED1	IO	输出	高有效
T8	LED2	IO	输出	高有效
T9	LED3	IO	输出	高有效
T10	LED4	IO	输出	高有效
T12	LED5	IO	输出	高有效
T13	LED6	IO	输出	高有效
T14	LED7	IO	输出	高有效

当 T7 引脚为高电平时，LED1 点亮；当 T7 引脚为低电平时，LED1 熄灭。

1.2.3　拨码开关电路

拨码开关（也叫 DIP 开关，拨动开关）是一款用来操作控制的地址开关，采用的是 0/1 的二进制编码原理。应用中将一端接高电平，一端接低电平。根据拨码开关的位置，在中间点可以获得 1 或 0。成组的拨码开关可以作为数字输入，可以设置对应的引脚为低电平或高电平，非常有利于实验验证。8 个拨码开关可以作为一个 8 位的数值，也可以作为 2 组 4 位的数值输入，或者可以设置为其他的功能。

拨码开关的电路如图 1-14 所示。

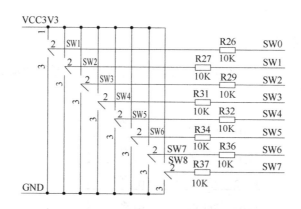

图 1-14 电路板拨码开关电路图

结合图 1-11，电路板的拨码开关引脚分配如表 1-2 所示。

表 1-2 电路板拨码开关引脚分配

引　脚	功　能	类　型	方　向	备　注
T5	SW0	IO	输入	
R6	SW1	IO	输入	
R7	SW2	IO	输入	
R8	SW3	IO	输入	
R10	SW4	IO	输入	
R11	SW5	IO	输入	
R12	SW6	IO	输入	
R13	SW7	IO	输入	

当拨码开关 SW7 拨动到电源端时，SW7 连接的 R13 引脚为高电平输入；当 SW7 拨动到接地端时，从 R13 引脚将读取到低电平的输入。开发者可以自行定义拨码开关的功能，或使用拨码开关作为一组二进制数值或多组二进制数值的输入。例如设计实现 2 个 4 位二进制的加法，只需将 8 个拨码开关分成 2 组即可。

1.2.4　按键电路

按键作为输入设备，根据电路的设计当按下时和不按时，获得不同的输入值 1 或 0。电路板采用的按键是不带锁的，即按下后若松开，就不能保持按下后的电平。使用按键可以实现设置、启动、复位等功能，例如在电子秒表设计时按某个按键将分钟数加 1，在示波器设计时通过按键可以暂停波形的更新。

当进行按键程序设计的时候特别要注意按键的消抖处理。

按键的电路如图 1-15 所示。

结合图 1-11，电路板的按键引脚分配如表 1-3 所示。

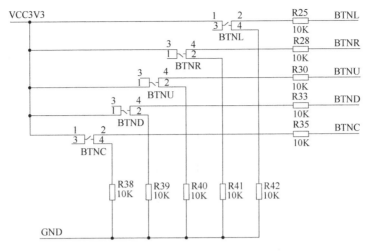

图 1-15　电路板按键开关电路

表 1-3　电路板按键引脚分配

引　　　脚	功　　　能	类　　　型	方　　　向	备　　　注
R16	BTNC	IO	输入	中间按键
H16	BTNU	IO	输入	上方按键
J15	BTNL	IO	输入	左边按键
J16	BTNR	IO	输入	右边按键
T15	BTND	IO	输入	下方按键

　　根据图 1-15，当按键默认状态时（未按下），对应引脚通过两个串联的 10kΩ 电阻接地，获得低电平输入。当按键按下时，通过 10kΩ 电阻接到电源，这时将得到高电平输入。关于按键抖动的分析和消抖处理在后续章节给出。

1.2.5　七段数码管驱动电路

　　当电路板实现电子秒表时，需要将时间信息显示出来，例如 12 分 11 秒，最简单的方式就是使用七段数码管。在实现电压表的时候，用七段数码管显示电压值。如果做智能小车，显示速度、行驶距离等信息也可以通过七段显示数码管实现。七段数码管成本低，显示直观方便。电路板设计有 4 个七段显示数码管，支持动态显示。

　　电路板的七段数码管驱动电路如图 1-16 所示。

　　如图 1-16 所示，DISP1 是包含 4 个共阳极七段显示数码管的模块。8 位的段码信号是由 CA 到 CG 以及 DP 组成。段码信号通过电阻连接到 4 个七段数码管 8 位数据段。4 个数码管共享数据，即 4 个数码管的 CA 连接到一起然后接到模块的 CA。图 1-17 为名称为 DISP1 的共阳极七段数码管模块的电路图。

　　图 1-17 中 CA 连接到 11 引脚，即连接到所有 4 个数码管的二极管 A 的阴极。当图 1-16 中 AN3 有效的时候，PNP 管 Q1A 导通，图 1-17 中 12 引脚加上高电平，如果与 A 的阴极相连接的 CA 管脚（11 引脚）为低电平，那么第一个数码管的二极管 A 点亮。这样，图 1-17

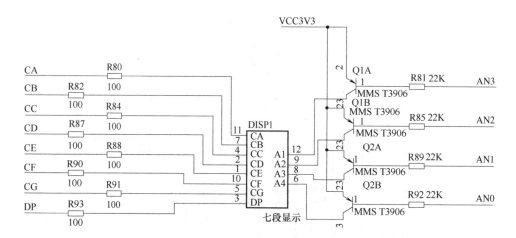

图 1-16　电路板七段数码管驱动电路

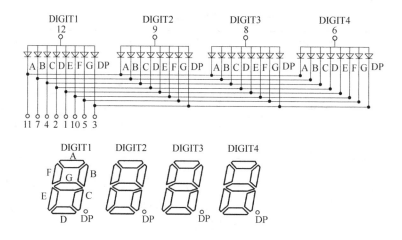

图 1-17　共阳极四位七段数码管电路图及二极管的排列

左上的数码管的名称为 A 的 LED 点亮。如果图 1-16 中的 AN3 AN2 AN1 AN0 输入为 0111，而 CACBCCCDCECFCGDP 的输入为 0000_0011，那么图 1-17 左边一个数码管显示数字 0，其他数码管都是灭的。

AN3 AN2 AN1 AN0 称为位码，CACBCCCDCECFCGD 称为段码。当位码为 1101，段码为 1001_1111 时，图 1-17 中第三个数码管点亮，显示 1。

数码管有静态显示和动态显示方式，在后续章节给出。

结合图 1-11 和图 1-16，电路板的共阳极七段显示数码管驱动引脚分配如表 1-4 所示。

当 T4 有效（低电平 0）时，位码 0 有效，最低位的数码管有效，可以显示段码上的内容。段码为低有效，段码为 0 的段点亮，为 1 的段不亮。若要显示数字 1，应译码为 1001_1111，因此在后面的 HDL 代码设计部分，需要进行译码。

表 1-4　电路板数码管引脚分配

引　　脚	功　　能	类　　型	方　　向	备　　注
T4	AN0	IO	输入	位码 0，低有效
T3	AN1	IO	输入	位码 1，低有效
R1	AN2	IO	输入	位码 2，低有效
M1	AN3	IO	输入	位码 3，低有效
P1	CA	IO	输入	段码 A，低有效
T2	CB	IO	输入	段码 B，低有效
R2	CC	IO	输入	段码 C，低有效
N1	CD	IO	输入	段码 D，低有效
M2	CE	IO	输入	段码 E，低有效
P3	CF	IO	输入	段码 F，低有效
R3	CG	IO	输入	段码 G，低有效
N2	DP	IO	输入	段码 DP，低有效

1.2.6　VGA 显示驱动电路

电路板通过 VGA（Video Graphics Array，视频图形阵列）接口接液晶显示器，通过编程就可以实现图形显示。VGA 是 IBM 于 1987 年提出的一个使用模拟信号的电脑显示标准。VGA 接口共有 15 针，分成 3 排，每排 5 个孔，是显卡上应用最为广泛的接口类型。它传输红、绿、蓝模拟信号以及同步信号（水平和垂直同步信号）。目前使用的显示器大多是很薄的液晶显示器。

VGA 关键引脚的定义如下：

1：红基色（red），红基色模拟视频信号。

2：绿基色（green），绿基色模拟视频信号。

3：蓝基色（blue），蓝基色模拟视频信号。

4：地址码 ID Bit。

5：自测试（各厂家定义不同）。

6：红地。

7：绿地。

8：蓝地。

9：保留（各厂家定义不同）。

10：数字地。

11：地址码。

12：地址码。

13：水平同步信号 HSYNC。

14：垂直同步信号 VSYNC。

15：地址码（各家定义不同）。

电路板的 VGA 液晶显示驱动电路如图 1-18 所示。

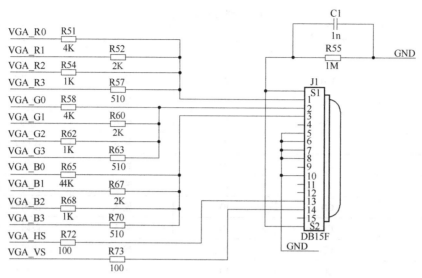

图 1-18　VGA 显示驱动电路

如图 1-18 所示，红色信号使用了 VGA_R0 通过 4kΩ 电阻、VGA R1 通过 2kΩ 电阻、VGA_R2 通过 1kΩ 电阻、VGA_R3 通过 510Ω 的电阻后，进行累加后加载。当 R3R2R1R0 为 1111 时红色最强。红色的数字范围为 0000 ~ 1111。同理，绿色和蓝色也是四位颜色，因此是 12 位色，最高可以达到 4096 色。电路板的目的是实验，4096 色可以满足实验的要求，如果要求更高的精度，则需要更精细的设计。

水平同步信号和垂直同步信号是显示屏进行刷新的重要信号，如果要进行编程，则需要掌握时序，另外还需要知道所使用的液晶屏的扫描频率。本书在 FPGA 基础实践部分给出对 VGA 的编程实例。

根据图 1-18 和图 1-11，电路板的 VGA 液晶显示驱动电路引脚分配如表 1-5 所示。

表 1-5　液晶显示驱动电路引脚分配

引　脚	功　能	类　型	方　向	备　注
A10	vgaRed［0］	IO	输出	红色位 0
A12	vgaRed［1］	IO	输出	红色位 1
A13	vgaRed［2］	IO	输出	红色位 2
A14	vgaRed［3］	IO	输出	红色位 3
B16	vgaBlue［0］	IO	输出	蓝色位 0
C14	vgaBlue［1］	IO	输出	蓝色位 1
C16	vgaBlue［2］	IO	输出	蓝色位 2
D14	vgaBlue［3］	IO	输出	蓝色位 3
A15	vgaGreen［0］	IO	输出	绿色位 0
B12	vgaGreen［1］	IO	输出	绿色位 1
B14	vgaGreen［2］	IO	输出	绿色位 2
B15	vgaGreen［3］	IO	输出	绿色位 3
D15	Hsync/VGA_HS	IO	输出	水平同步信号
D16	Vsync/VGA_VS	IO	输出	垂直同步信号

1.2.7　RS-232 驱动电路

电路板可以支持符合 RS-232-C 标准的串行通信数据，可以和计算机或其他电子设备通过 RS-232 接口进行串行通信。FPGA 的引脚并不能输出 ±12V 的电压，因此采用了电平转换芯片 MAX3232 或 SP3232。

RS-232-C 是美国电子工业协会（Electronic Industry Association，EIA）制定的一种串行物理接口标准。RS 是英文"推荐标准"的缩写，232 为标识号，C 表示修改次数。RS-232-C 总线标准设有 25 条信号线，包括一个主通道和一个辅助通道。对于一般的通信，不需要掌握 RS-232-C 的所有信号的定义，只需要使用其中的 2 个信号 TXD（数据发送）和 RXD（数据接收），另外，参加通信的设备要将 GND（地）连到一起（共地）。

数据线 TXD 和 RXD 的电平标准为：

逻辑 1：−3V ~ −15V

逻辑 0：+3 ~ +15V

RS-232-C 标准规定的数据传输速率包括 4800、9600、19200、38400 等波特率。如果波特率为 9600，那么发送和接收数据都应该为 9600bit/s（9600 位/秒）。

电路板的 RS-232 驱动电路如图 1-19 所示。

电路板上提供了 5V 的电源接到 MAX3232 的电源端，J11 是 9 芯的串行接口，按标准规定，3 脚是 TXD 为外部数据的输入，因此接到 MAX3232 的数据接收端 RXD；而 2 脚 RXD 接 MAX3232 数据输出端。当与计算机相连的时候，这样的设计不需要使用交叉线。5 脚是规定的地，接电路板的地。

另外提供 CMOS 标准的串行接口 J10，方便和一些不使用 RS-232 标准的设备进行串行通信。

根据图 1-19 和图 1-11，电路板的 VGA 液晶显示驱动电路引脚分配如表 1-6 所示。

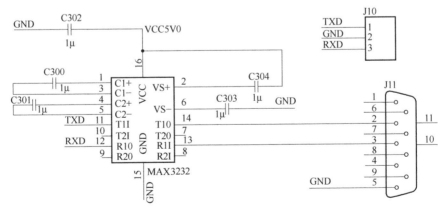

图 1-19　串口驱动电路及接口

表 1-6　液晶显示驱动电路引脚分配

引　　脚	功　　能	类　　型	方　　向	备　　注
A5	TXD	IO	输出	数据发送
A7	RXD	IO	输入	数据接收

1.2.8 配置电路

当完成 HDL 语言的设计，对代码进行综合、实现和二进制目标文件（比特流文件）生成后，可以使用 JTAG 进行下载调试并进行功能验证，但是下载的内容不能保存，掉电以后就需要重新下载。另外一种常用的方法就是将目标代码文件下载到片外非易失存储器中，每次上电会将非易失存储器中的比特流对 FPGA 进行配置，这样功能得以保存。这种过程称为配置。

Xilinx 7 系列 FPGA 的配置是通过使用比特流形式的配置文件对 FPGA 进行功能配置实现的。7 系列 FPGA 可以自主从外部的非易失存储器装载配置文件，或者由外部的智能设备给 FPGA 加载配置文件。无论哪种情况，都可以选择串行模式和并行模式。使用串行模式可以减少对引脚的数量要求，使用并行模式可选择 8 位、16 位或 32 位的数据宽度，是为了追求更高的效率。

根据需要，可以对 FPGA 进行配置，或称为编程，次数无限制。

Xilinx FPGA 的配置数据是存储在 CMOS 配置锁存器 CCL 中的，因此在每次掉电后，再启动时都需要重新进行配置。

7 系列 FPGA 芯片的配置根据通信的类型及是否自主配置，分为如表 1-7 所示的 7 种模式。

表 1-7 7 系列 FPGA 配置模式

模　　式	M [2：0]	总线宽度	CCLK 方向
主串行	0 0 0	1	输出
主 SPI	0 0 1	1, 2, 4	输出
主 BPI	0 1 0	8, 16	输出
主 SelectMAP	1 0 0	8, 16	输出
JTAG	1 0 1	1	不使用
主 SelectMAP	1 1 0	8, 16, 32	输入
主串行	1 1 1	1	输入

其中 M [2：0] 对应 FPGA 的引脚。电路板 FPGA 的配置电路如图 1-20 所示。

该原理图中，除了 FPGA 部分，最核心的芯片是 S25FL032。S25FL032 是 32MB 的 Flash 存储器，采用 SPI 同步串行接口，支持多位输入输出总线。表 1-8 为 S25FL032 引脚说明。

电路板电路不加跳线时 M [2：0] =101，采用 JTAG 方式；加跳线时将 M2 接地，M [2：0] =001，采用主 SPI 模式，4 位总线宽度。电路板 JP1 接口用于设置配置模式。

采用主 SPI 模式时，将 FPGA 的 CCLK_0 引脚连接到 S25FL032 的串行时钟输入 SCK。将图 1-11 中 BANK14 的 D00_MOSI（J13）引脚接 S25FL032 的 SD1/DQ0，D01（J14）接 SD01/DQ1，D02（K15）接 WP#/DQ2，D03（K16）接 HOLD#/DQ3，FCS（L12）接 CS#。采用 4 位总线主 SPI 模式可以提高下载速度，下载后每次上电，FPGA 自行进行配置，但在调试过程中采用 JTAG 方式即可。

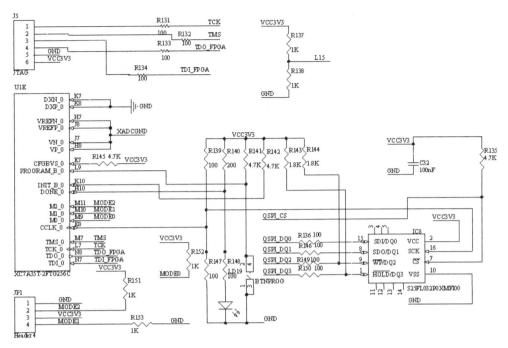

图 1-20　FPGA 配置电路

表 1-8　S25FL032 引脚说明

引　　脚	方　　向	说　　明
SO/IO1	输入或输出	串行数据输出，在 SCK 时钟的下降沿送出数据。在 2 位或 4 位输入输出模式作为输出引脚
SI/IO0	输入或输出	串行数据输入，在 SCK 上升边沿器件锁存命令、地址和数据。在 2 位或 4 位输入输出模式作为输出引脚
SCK	输入	串行时钟
CS#	输入	芯片选择信号
HOLD#/IO3	输入或输出	保持。在 2 位或 4 位输入输出模式作为输出引脚
W#/ACC/IO2	输入或输出	写保护。在 2 位或 4 位输入输出模式作为输出引脚
VCC	输入	电源
GND	输入	地

电路板 J5 接口为 JTAG 接口，JTAG 接口除了电源和地，引出的信号只有 4 个。

TCK：测试时钟输入。

TDI：测试数据输入，数据通过 TDI 输入 JTAG 口。

TDO：测试数据输出，数据通过 TDO 从 JTAG 口输出。

TMS：测试模式选择，TMS 用来设置 JTAG 口处于某种特定的测试模式。

图 1-20 中 FPGA 引脚 PROGRAM_B 的功能为，当按键 BTNPROG 按下时复位配置信息，当按键 BTNPROG 松开，重新进行配置。因此按键 BTNPROG 是整个电路板的复位按键。

1.2.9　XADC 接口和扩展接口

Xilinx 7 系列 FPGA 在芯片内部集成了两个 12 位的 1Mbit/s ADC 及多个传感器，通过开关切换，可以实现测量外部 17 个通道的电压（单端或差分）及测量片内的温度及各种电源的电压。电路板引出了 4 路 ADC 通道，可以高速采集电压。另外，电路板引出了 24 个 IO 引脚供扩展使用。扩展 IO 接口如图 1-21 所示。

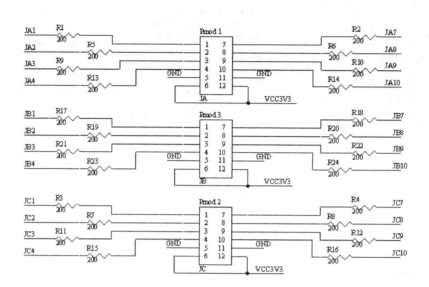

图 1-21　FPGA 电路板扩展 IO 接口

电路板的 XADC 接口如图 1-22 所示。

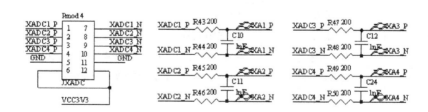

图 1-22　XADC 接口

根据图 1-21 和图 1-11，电路板的引出 I/O 引脚分配如表 1-9 所示。

表 1-9　电路板引出 I/O 引脚分配

引　　脚	接　　口	位　　置	方　　向	备　　注
E1	P1	1	自定义	
G2	P1	2	自定义	
H2	P1	3	自定义	

（续）

引　　脚	接　口	位　　置	方　向	备　注
K1	P1	4	自定义	
G1	P1	7	自定义	
H1	P1	8	自定义	
J1	P1	9	自定义	
K2	P1	10	自定义	
G16	P2	1	自定义	
G14	P2	2	自定义	
E16	P2	3	自定义	
E13	P2	4	自定义	
G15	P2	7	自定义	
F15	P2	8	自定义	
F14	P2	9	自定义	
E15	P2	10	自定义	
R15	P3	1	自定义	
P15	P3	2	自定义	
N14	P3	3	自定义	
M15	P3	4	自定义	
P14	P3	7	自定义	
P16	P3	8	自定义	
N16	P3	9	自定义	
M16	P3	10	自定义	

根据图 1-22 和图 1-11，电路板的 XADC 引脚分配如表 1-10 所示。

表 1-10　XADC 引脚分配

引　　脚	功　　能	类　　型	接口位置	备　注
C1	xauxp7	XADC	P4_1	模拟输入通道 7 高（不做模拟输入时为 IO）
B1	xauxn7	XADC	P4_7	模拟输入通道 7 低（不做模拟输入时为 IO）
B2	xauxp14	XADC	P4_2	模拟输入通道 14 高（不做模拟输入时为 IO）
A2	xauxn14	XADC	P4_8	模拟输入通道 14 低（不做模拟输入时为 IO）
B6	xauxp12	XADC	P4_3	模拟输入通道 12 高（不做模拟输入时为 IO）
B5	xauxn12	XADC	P4_9	模拟输入通道 12 低（不做模拟输入时为 IO）
A8	xauxp8	XADC	P4_4	模拟输入通道 8 高（不做模拟输入时为 IO）
A9	xauxn8	XADC	P4_10	模拟输入通道 8 低（不做模拟输入时为 IO）

当采用单端模式的时候，需要将 XADC 的低电平引脚（带 n）接地，例如，单端模式使用通道 7，xauxp7（C1）接输入，xauxn7（B1）接地。

习题

1）通过本章的学习和网络搜索，试述 FPGA 是怎样的器件，其功能和应用是什么。

2）简述 Xilinx 7 系列 FPGA 的结构。

3）简述查找表 LUT 的功能，如何使用查找表实现逻辑函数？

4）简述 IOB 的功能、用途。

5）登录 Xilinx 网站，可以获得哪方面的信息。

6）根据图 1-15 和本章其他电路图，如果让电路板的 LED3 点亮，其他 LED 灭，该如何实现？

7）如果让电路板的四个数码管显示 1111，该如何实现？如果显示 0001 呢？

8）简述 FPGA 的配置。

第 2 章

Verilog HDL语言与Vivado

硬件描述语言（HDL，Hardware Description Language）是对硬件电路进行行为描述、寄存器传输描述或者结构化描述的一种语言。FGPA 作为可编程硬件，采用 HDL 语言作为编程语言。通过 HDL 语言可以对 FPGA 的功能进行描述，描述完成后的源代码，通过综合（将高层次的寄存器传输级别的 HDL 设计转化为优化的低层次的逻辑网表）和实现及生成目标文件后，下载到 FPGA 以实现对 FPGA 进行配置，而配置后的 FPGA 实现了 HDL 语言描述的功能。

Verilog HDL 和 VHDL 是最流行的两种硬件描述语言，开发于 20 世纪 80 年代中期。两种 HDL 均满足国际上通用的 IEEE 标准。Verilog HDL 和 VHDL 都有大范围的应用，有些软件甚至可以将两种语言相互转换。

Verilog HDL 更适合读者入门，如果有 C 语言的基础就会入门更快。本章选择 Verilog HDL 进行介绍。Verilog HDL 的内容比较多，本章内容是 Verilog HDL 的核心内容，而不是 Verilog HDL 大全。本章引入一些经过测试的实例，适合读者快速入门。对于一些关键点，除了给出实例代码，还给出 RTL 分析后的原理图或综合后的原理图及仿真结果，以加强读者理解，例如阻塞和非阻塞赋值。

学习语言也不能一蹴而就，通过后续章节的编程及实践，才能逐步提高并将本章所学的知识转化为读者自己知识财富，并用在以后的工程应用当中。如果读者在日后需要更多的更细节的 Verilog HDL 知识，可以通过搜索引擎或通过专门的 Verilog HDL 书籍来获取。总之，在使用中学习是效率最高的。

本章还将简要介绍 Vivado 的使用。Vivado 是 Xilinx 新一代的开发工具，7 系列及更新更高级的芯片，需要使用 Vivado 进行开发。ISE 已经不支持最新的器件了，因此本书的所有实例都使用 Vivado。

提示：本书这部分的内容适合快速学习，后续章节的实例部分自然就能实现消化和提升。

2.1 Verilog HDL 基本结构

本节从两个简单的实例开始引领读者进入 Verilog HDL 的世界，再总结出 Verilog HDL 的基本结构。

2.1.1 一个简单的组合逻辑实例

如果要实现一个 2 个 4 位数相与的功能，如何做呢？［程序实例 2.1］是与门实现的代码开始。

[程序实例2.1] 4 位按位与代码

```
module AND4(    a,b,out);
   output[3:0] out;//4 位输出
   input [3:0] a,b;//4 位输入 A 和 B
   assign out = a&b; //out = a 与 b 进行按位与
endmodule
```

[程序实例 2.1] 定义了一个模块 AND4。从模块的声明开始，最开始就是关键词 module，然后是这个模块的名字叫 AND4。模块的名字定义和 C 语言的函数定义类似，只要不违反命名的规则就可以。

跟在模块名字后面的括号之内，是模块的输出和输出声明。可见，输入输出一共有 3 个端口 a、b、out。这里并没有说明这些端口的类型，其实可以在这里说明，也可以随后说明。

output [3：0] out 就是对端口 out 的说明，out 是 4 位的输出端口。

input [3：0] a，b 说明 a 和 b 都是 4 位的输入端口。

assign out = a&b；是逻辑功能的描述，是一条用组合逻辑实现的连续赋值语句，说明 out 等于 a 与 b 的按位与。"&" 就是运算符，表示按位与。" = " 也是运算符，和 assign 组合搭配使用的时候是赋值的意思。

然后就是整个模块的结束 endmodule。

如果在 Vivado 中综合后，可以得到综合后的电路图如图 2-1 所示。

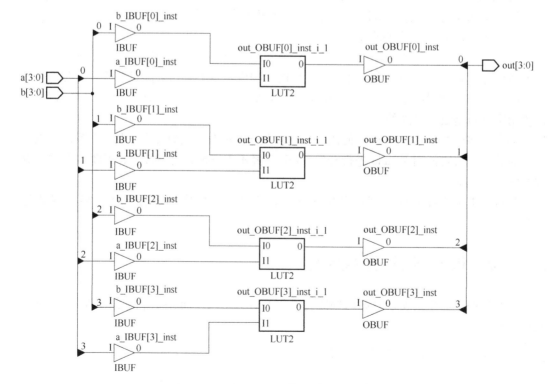

图 2-1 4 位按位与的逻辑实现

可见，实现 4 位按位与的 HDL 语言，最后产生的结果是图 2-1 的电路。图 2-1 的电路中，输入是 4 位的 a［3：0］和 b［3：0］，经过缓冲器 IBUF 后，送到 4 个与门进行按位与，4 个与门的输出送到输出 out［3：0］。这和［程序实例 2.1］对输入和输出的定义以及功能描述是一致的。也就是说，模块 AND4 描述了这个用 HDL 语言描述的电路，一条 assign out＝a&b 轻松地描述了图 2-1 的电路功能。在综合的过程中，Vivado 为输入和输出都自动加上了缓冲器，因此使用了 8 个输入缓冲、4 个输出缓冲和 1 个查找表 LUT2（实现与门）。

如果再加上约束文件，将这些输入和输出对应到 FPGA 的具体引脚，例如将输入 2 个端口共 8 个引脚对应到拨码开关，将输出的 4 个引脚对应到 LED，那么在综合、实现和生成比特流文件再下载到实验板上，就能完成从 HDL 设计到成品的转化了，真正地完成了一个真实的 4 位按位与硬件，当拨动拨码开关就可以看到 LED 的变化。

总之，HDL 描述了硬件的功能，4 位与门无论如何是独立存在和同时工作的，是和 C 语言不同的，C 语言描述的是送到 CPU 里面去执行的代码及代码的顺序。

可以在端口声明部分直接定义端口的类型。［程序实例 2.2］是 4 位按位与代码的另一种写法。

［**程序实例 2.2**］　**4 位按位与代码的另一种写法**

```
module AND4(
        input [3:0] a,input[3:0] b, output[3:0] out
);
    assign out = a&b; //out = a 与 b 进行按位与
endmodule
```

只是写法不同，达到的结果是没有任何差别的。下面再进入一个简单的包含了时序逻辑的实例。

2.1.2　一个简单的时序逻辑实例

这是一个简单的时序逻辑实例，对输入时钟信号进行 2 分频，等同于设计了一个 T 触发器。

［**程序实例 2.3**］　**时钟的 2 分频**

```
module FenPin(
        input clk_in, output clk_out
);
reg c_out =0;                          【1】
assign clk_out = c_out;                【2】
always @ (posedge clk_in)              【3】
begin
    c_out = ~ c_out;                   【4】
end
endmodule
```

［程序实例2.3］也定义了一个模块，这个模块的输入是 clk_in，输出是 clk_out。要求实现输出是输入时钟的 2 分频，也就是说，如果输入的时钟是 50MHz，那么输出的时钟就是 25MHz。

［程序实例2.3］中的【1】所在行定义了 1 个寄存器变量 c_out，【2】所在行的 assign 语句将寄存器 c_out 的输出送到输出引脚 clk_out，完成了硬件连接的描述。【3】所在行是定义了触发器的行为描述，含义是在输入 clk_in 的上升沿，就发生 always 块内的操作。【4】所在行被包围在 always 块的 begin 和 end 之间，内容是 c_out 发生翻转，即取反。

于是，在 clk_in 的上升沿，c_out 总是发生翻转，就实现了 T 触发器的功能。

对［程序实例2.3］的代码进行 RTL 分析后，可以得到图 2-2 所示的电路。

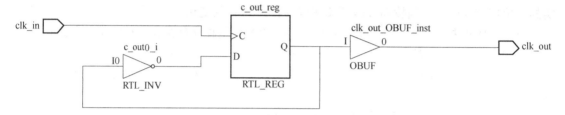

图 2-2　2 分频电路的 RTL 分析原理图

RTL（Register Transfer Level，寄存器传输级）指不关注寄存器和组合逻辑的细节，通过描述寄存器到寄存器之间的逻辑功能描述电路的 HDL 层次。图 2-2 的原理图电路就是"数字电路"课程学习的 T 触发器电路。在综合后得到的电路和 RTL 原理图基本类似，只是增加了缓冲器和查找表。

在 Vivado 中可以直接对程序实例2.3 进行仿真，仿真的结果如图 2-3 所示。

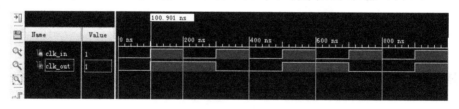

图 2-3　2 分频电路的仿真结果

图 2-3 的仿真结果显示每个 clk_in 时钟的上升沿，clk_out 发生翻转，于是 clk_out 的频率是 clk_in 时钟频率的一半。

2.1.3　Verilog HDL 结构要求

从前面的两个实例可以看出，模块是 Verilog HDL 结构的核心，就如同 C 语言的函数。Verilog HDL 的基本结构要求为：

1）Verilog HDL 程序是由模块构成的。每个模块嵌套在 module 和 endmodule 声明语句中。模块是可以进行层次嵌套的。

2）每个 Verilog HDL 源文件中只有一个顶层模块，其他为子模块。可以每个模块写一个文件。

3）每个模块要进行端口定义，并说明输入输出端口，然后对模块的功能进行行为逻辑描述。

4）模块中的时序逻辑部分在 always 块的内部，在 always 块中只能对寄存器变量赋值。

5）模块中对端口或其他 wire 型变量的赋值，必须在 always 块的外部使用 assign 语句，通常是将寄存器的值送出。

6）程序书写格式自由，一行可以写几个语句，一个语句也可以分多行写。

7）除了 endmodule 语句、begin_end 语句和 fork_join 语句外，每个语句和数据定义的最后必须有分号。

8）可用／*.....*／和／／... 对程序的任何部分作注释。加上必要的注释，可以增强程序的可读性和可维护性。

模块通常可以分为端口定义、端口说明、信号类型定义、功能说明四个主要部分。［程序实例 2.3］的时钟 2 分配模块 FenPin 就包含了这四个部分，如图 2-4 所示。

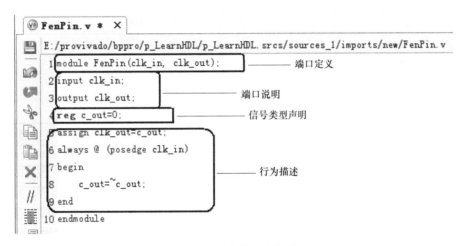

图 2-4　模块的四个部分

［程序实例 2.3］和图 2-4 的区别在于，［程序实例 2.3］将端口定义和说明一次完成了，图 2-4 将端口定义和说明分开，这两种方法都是可行的。

模块都有名字，任何用 Verilog HDL 语言描述的"东西"都通过其名字来识别，这个名字被称为标识符。模块名就是一种标志符。标识符可由字母、数字、下划线和 $ 符号构成，但第一个字符必须是字母或下划线，不能是数字或 $ 符号！在 Verilog HDL 中变量名是区分大小写的。

模块的名称不能使用关键字，因为这样会使 Vivado 等 FPGA 开发软件无法分析语法进行综合。关键字是 Verilog HDL 事先定义好的一些保留字，用来组织语言结构，或者用于定义 Verilog HDL 提供的门元件（如 and，not，or，buf）。

关键字有 always、assign、begin、case、casex、else、end、for、function、if、input、output、repeat、table、time、while、wire 等。

2.2　数据类型及变量、常量

Verilog HDL 有两种常用的数据类型：线网（Net）类型及变量类型。常量的值是不能够被改变的，变量的值是可以被改变的，例如寄存器型的变量 reg。本小节从逻辑值和常量式开始，对于线网类型重点是常用的 wire 型变量，对于变量类型重点是 reg 型。

2.2.1 逻辑值和常量

1. 逻辑值

逻辑值有 4 种。x 和 z 在这里是不分大小写的。也就是说，h1z 和 h1Z 是相同的。见表 2-1。

表 2-1　Verilog HDL 逻辑值

逻辑值	含义
0	逻辑 0
1	逻辑 1
x	逻辑值未知
z	高阻

2. 整数的表达

对于整数规范的表达见表 2-2。

表 2-2　Verilog HDL 整数的表达

表达方式	说明	举例
<位宽>'<进制><数字>	完整的表达方式	4'b0101 或 4'h5
<进制><数字>	默认位宽，则位宽由机器系统决定，至少 32 位	h05
<数字>	默认进制为十进制，位宽默认为 32 位	5

这里位宽指对应二进制数的宽度，而不是表达为十六进制的数字个数。例如，4'h5 实际上就是 4'b0101，只不过是用十六进制表示。h 表示的是十六进制，也是不区分大小写的，而二进制是 b，八进制是 o。但是，Verilog HDL 的其他部分都是区分大小写的，除非特殊指出。

8'h2x 是 8 位二进制数，对应二进制数的值是 8'b0010xxxx，低 4 位不确定。

3. 浮点数的表达

浮点数表达可以使用十进制或科学计数法。

十进制：例如 1.2345678。

科学计数法：0.311 的科学计数表示是 3.11e-1。

4. 字符串的表达

Message = "u are welcome"　　//将字符串"u are welcome"　赋给变量 Message。

2.2.2 线网型变量 wire

线网（net）型变量最常用的就是 wire，最大的问题就是怎么去理解 wire。可以将 wire 直接地理解为连线。例如一个 D 触发器 reg1 的输出是 Q，这个 Q 连接到端口 out1 上，那么 out1 的值始终跟随着 reg1 的值的变化而变化。这个 out1 就是 wire 类型的，它是不能够保存值的，不能直接对其赋值。同样，一个 2 输入与门的输入是 wire，输出也是 wire，我们只能将其连接到某处，而不能直接对其赋值。

wire 主要起信号间连接作用，用以构成信号的传递或者形成组合逻辑。因为没有时序限定，wire 的赋值语句通常和其他块语句并行执行。

wire 不保存状态，它的值可以随时改变，不受时钟信号限制。

除了可以在模块 module 内声明，所有模块的输入 input 和输出 output 默认都是 wire 型的。

wire 型信号的定义格式如下：

定义一个 n 位的 wire 型变量：wire［n-1：0］变量名；

定义 m 个 n 位的 wire 型变量：wire［n-1：0］变量名 1，变量名 2，……，变量名 m；

wire 因为是组合逻辑的赋值，因此要在时序控制 always 块外进行赋值，并使用 assign 语句进行赋值。能在 always 块内进行赋值的是随后要讲的寄存器型变量。

在［程序实例 2.3］的时钟二分频代码中，有 wire 类型的变量的声明和赋值：

assign clk_out = c_out;

这条 assign 赋值语句将寄存器 c_out 的输出连接到 clk_out 输出引脚，描述的是一种连接关系。图 2-2 所示的电路更加清晰地说明了这种连接关系。

2.2.3　寄存器类型 reg

reg 型也称为寄存器型。

回忆数字电路中的触发器，触发器只在时钟有效边沿到来的时候，保存的值才能够发生改变。如果时钟信号一直不来，那么触发器的值就不会变。

触发器是可以存储值的，32 个 D 触发器就可以构成 32 位计算机系统 CPU 使用的寄存器。寄存器是昂贵的存储设备。

回忆 C 语言里面的变量，如果定义一个无符号的字节型变量

unsigned char a;

a = 10;

那么，这个 a 是可以保存值的，保存值的范围是 0 ~ 255 的 8 位二进制数。现在 a 的值是 8 'b00001010。实际上在 PC 系统中这个值是保存到内存中的。

在 Verilog HDL 中，reg 型变量也是可以保存值的，但是使用的存储设备是寄存器。

寄存器是数据存储单元的抽象，通过对寄存器的赋值语句可以改变寄存器存储的值。reg 型数据常用来表示时序控制 always 块内的指定信号，代表触发器，因为触发器只能在时钟的有效边沿改变值。通常在设计中要由 always 块通过使用行为描述语句来表达逻辑关系。在 always 块内被赋值的每一个信号都必须定义为寄存器型的或功能等同于寄存器型的变量。

reg 型信号的定义格式如下：

定义一个 n 位的寄存器变量：reg［n-1：0］变量名；

定义 m 个 n 位的寄存器变量：reg［n-1：0］变量名 1，变量名 2，……，变量名 m；

下面给出两个例子：

reg［7：0］a，b，c；//a，b，c 都是位宽为 8 位的寄存器

reg d；//1 位的寄存器 d

reg 型数据的默认值是未知的。但是可以在定义的时候赋予初值或是用 initial 块赋予初值。例如 reg d = 1。

2.2.4 符号常量

常量的值是不能够改变的。绝大多数情况下，常量并不需要写到触发器中去，在电路综合的过程中，根据赋值语句，根据常量的值就生成不同的电路，例如接到高电平就是接1，接到低电平就是接0。因此常量的定义并不需要占据存储空间。

如果用关键词 parameter 来定义一个标识符，代表一个常量，这个常量就被称为符号常量。例如：

parameter width = 3；//符号常量 width 的值是 3，如果未进行重定义，当在程序中出现 width 时就用 3 代替。

parameter idle = 1，one = 2，two = 3，stop = 4；//定义了 4 个符号常量。如果未进行重定义，当代码中出现 idle 就用 1 代替，出现 one 就用 2 代替，出现 two 就用 3 代替，出现 stop 就用 4 代替。

如果定义了 parameter width = 3；，那么 width 就一定是 3 吗？这是不一定的，因为使用 parameter 定义的常量，仍然可以重定义。虽然模块名称后面跟着的是输入和输出，如果向模块传递参数，是不能通过输入输出来传递的，但是可以通过符号常量来传递。另外，在定义 IP 核的时候经常使用 parameter，通过对符号常量的重新定义来配置 IP 核。参数型常数常用于定义延迟时间和变量宽度，或者其他的信息。在模块和实例引用时，可通过参数传递改变在被引用模块或实例中已定义的参数。参数传递的方法如［程序实例2.4］。

［程序实例2.4］　parameter 参数传递

```
module adder(sum,a,b);                                        【1】
    parameter time_delay = 5，time_count = 10;               【2】
        ……
endmodule
module top;
    wire [2：0] a1, b1;
    wire [3：0] a2, b2, sum1;
    wire [4：0] sum2;
    adder  # (4, 8)    AD1 (sum1, a1, b1); //time_delay = 4, time_count = 8   【3】
    adder  # (12)    AD2 (sum2, a2, b2); //time_delay = 12, time_count = 10   【4】
endmodule
```

首先定义一个 adder 模块【1】，然后定义两个参数型常量 time_delay 和 time_count【2】。在 top 模块中调用模块的时候，可以通过参数传递（#）改变参数型常量的值，从而更为灵活地调用模块 adder【3】【4】。也就是说，模块 top 使用了模块 adder 实现加法，在调用的时候还改变了 adder 实例中符号常量的值。

2.2.5 存储器型变量

存储器实际上是一个寄存器数组。存储器使用如下方式定义：

reg［msb：lsb] memory1［upper1：lower1］//从高到低或从低到高均可（msb 是最高有

效位，lsb 是最低有效位）。

例如：

reg［3：0］mymem1［63：0］//mymem1 为 64 个 4 位寄存器的数组。

reg dog［1：5］　//dog 为 5 个 1 位寄存器的数组，即 dog［1］~dog［5］。

这种存储器是寄存器数组，但并不允许二维数组。这种存储器实际上是寄存器变量的集合，因此除在 always 块赋值外，还可以在 initial 块赋值或在定义的时候赋予初值。

以下是合法的赋值：

dog［4］=1；//合法赋值语句，对其中一个 1 位寄存器赋值。

dog［1：5］=0；//合法赋值语句，对存储器大范围赋值。

2.3　运算符

使用 Verilog HDL 完成基本的运算，必须使用运算符，首先是算术运算符。

2.3.1　算术运算符

表 2-3 所列为基本的运算符。使用算术运算符就可以实现基本的算术运算。

表 2-3　Verilog HDL 运算符

算术运算符	说　　明
+	加
-	减
*	乘
/	除
%	取模（取余数）

在进行整数的除法运算时，结果要略去小数部分，只取整数部分；而进行取模运算时（%，亦称作求余运算符）结果的符号位采用模运算符中第一个操作数的符号。例如，-10%3　结果 -1，11%-3　结果为 2。

在进行算术运算时，如果某一个操作数有不确定的值 x，则整个结果也为不确定值 x。

使用乘法或除法的时候，实际上系统会使用乘法器或除法器等硬件来实现这些功能，如果对精度、位数等有要求，以及追求效率等情况，可以使用 IP 核实现或自己设计，而不要用简单的运算符实现。

2.3.2　逻辑运算符

表 2-4 所列为 Verilog HDL 逻辑运算符。通常使用逻辑运算符是进行逻辑运算，注意要与按位运算相区别。

表 2-4　Verilog HDL 逻辑运算符

逻辑运算符	说　　明
&&（双目）	逻辑与
‖（双目）	逻辑或
!（单目）	逻辑非

逻辑运算只区分真假，而不管是什么数值。逻辑运算的输入 8'ha1 和 8'h01 是没有区别的，都是逻辑真，而 0 为逻辑假。一般来说，逻辑运算的结果要么为真（1），要么为假（0）。特例是如果有一个输入为未知 X，那么结果也是 X。例如，4'ha1&&4h01 是 1，4'ha1&&4h00 是 0。

只有两个输入都是 0 的时候，逻辑或的结果才是 0。对于逻辑非，当输入为非 0 值，输出就是 0。逻辑运算最常用于条件判断语句。

2.3.3 按位运算符

表 2-5 所列为按位运算符。通常使用按位运算符完成基本的与、或、非、异或及同或逻辑运算。使用这些位运算符进行组合，很容易完成其他的逻辑运算。

表 2-5 Verilog HDL 按位运算符

位 运 算 符	说　　明
~	按位取反
&	按位与
|	按位或
^	按位异或
^~ , ~^	按位同或

在不同长度的数据进行位运算时，开发软件会自动地将两个数右端对齐，位数少的操作数会在相应的高位补 0。位运算结果与位数高的操作数位数相同。

按位运算要求对两个操作数的相应位逐位进行运算。例如 0101&1100 = 0100，0101 | 1100 = 1101

如果要实现与非运算很简单。例如，有寄存器变量 c、b、a，我们定义 c 应为 a 和 b 的与非，那么应该写成 c = ~（a&b）。

同理，使用按位运算符可以实现更为复杂的逻辑功能。

2.3.4 关系运算符

表 2-6 所列为关系运算符。关系运算符和逻辑运算符一般用于条件判断语句。

表 2-6 Verilog HDL 关系运算符

关系运算符	说　　明
<	小于
< =	小于或等于
>	大于
> =	大于或等于

关系运算结果为 1 位的逻辑值 1（真）或 0（假），但也可能是 x（未知）。关系运算符根据关系运算的结果是真还是假，用于条件判断。

关系运算时，若关系为真，则返回值为 1；若声明的关系为假，则返回值为 0；若某操作数为不定值 x，则返回值也一定为 x。

关系运算符的优先级别低于算数运算符。因此 a < size 与 a < (size-1) 是相同的。

2.3.5　等式运算符

表 2-7 所列为 Verilog HDL 等式运算符。等式运算符一般也用于条件判断语句。

表 2-7　Verilog HDL 等式运算符

等式运算符	说　明
= =	等于
！=	不等于
= = =	全等
！= =	不全等

"= ="和"！="称作逻辑等式运算符，其结果由两个操作数的值决定。由于操作数可能是 x 或 z，其结果可能为 x。

"= = ="和"！= ="常用于 case 表达式的判别，又称作 case 等式运算符。其结果只能为 0 和 1。如果操作数中存在 x 和 z，那么操作数必须结果完全相同才为 1，否则为 0。

"= ="和"="是完全不同的，"="是对寄存器赋值时使用的。

2.3.6　缩减运算符

表 2-8 所列为 Verilog HDL 缩减运算符。

缩减运算符运算规则与位运算相似，样子也一样，不过出现的位置不同，功能也不同。对变量的每一位逐步运算，最后的运算结果是一位的二进制数。

表 2-8　Verilog HDL 缩减运算符

缩减运算符	说　明
&	与
~ &	与非
|	或
~ |	或非
^	异或
^~，~^	同或

举个例子就清楚了，例如有 4 位的变量 b，c = &b 的含义是 c = ((b [0] & b [1]) & b [2]) & b [3]。

2.3.7　移位运算符

表 2-9 所列为 Verilog HDL 移位运算符，包括左移和右移。

表 2-9　Verilog HDL 移位运算符

移位运算符	说　明
> >	右移
< <	左移

a＞＞n 中 a 代表要进行向右移位的操作数，n 代表要移几位。a＜＜n 表示将 a 逻辑左移 n 位。这两种移位运算都用 0 来填补移出的空位。

如果移出的数不包含 1，那么左移相当于乘以 2。例如，4 位的寄存器变量 a 的值是 6，即 a=4'b0110。执行 a=a＜＜1 后，a=4'b1100，即 12。再次左移后，可得 a=4'b1000 即 8，不是 12 的 2 倍，因为 1 被移出了，发生了溢出。右移总是得到除以 2 的结果，不管有没有 1 被移出。

现在 a 的值是 6，即 a=4'b0110。执行 a=a＞＞1 后得到 4'b0011，即 3，再右移动得到 1，然后是 0。

需要说明的是：4'b1001＜＜1 = 5'b10010 是正确的，那么为什么位数发生了改变呢？这是因为 4'b1001 本身是一个常量，一般我们是将常量赋给变量来使用的，在移位时没必要限制常量的位数。

例如，a 是一个 5 位的寄存器，那么 a=4'b1001＜＜1，a 的结果就是 5'b10010。但是当 a 是一个 4 位的寄存器时，a=4'b1001＜＜1，a 的结果就是 5'b0010。

移位运算经常用来实现乘法、除法等运算，还可以实现移位寄存器。

2.3.8　条件运算符和拼接运算符

1. 条件运算符

条件运算符是书写效率非常高的运算符。条件运算符为"?"，很像 C 语言里面的"?"运算符。它实现的是组合逻辑，或者说就是多路复用器。

用法：assign wire 类型变量 = 条件 "?" 表达式 "?"：表达式 2；

例如 assign out = sel? in1 : in0；描述了当 sel 为 1 的时候，out 就等于 in1，即将 in1 接到 out；否则，将 in0 接到 out。这个就是个多路选择逻辑。

如果想对寄存器赋值，则不能使用条件运算符，而要在 always 块中使用条件判断语句。

2. 位拼接运算符

位拼接运算是非常有意思的，非常高效。使用位拼接运算符可以将变量任意组合后输出或送给另一个变量。

位拼接运算符为 {}，用于将两个或多个信号的某些位拼接起来，表示一个整体信号。

用法：{信号 1 的某几位，信号 2 的某几位，……，信号 n 的某几位}。

将某些信号的某些位列出来，中间用逗号分开，最后用大括号括起来表示一个整体的信号。为安全起见，在位拼接的表达式中不允许存在没有指明位数的信号。

{a, b [3:0], 3'b101} //等同于 {a, b [3], b [2], b [1], b [0], w, 1b1, 1'b0, 1b1}

{4 {w}} //等同于 {w, w, w, w}

{b, {3 {a, b}}} //等同于 {b, a, b, a, b, a, b} 这里面的 3、4 必须是常量表达式。

例如，变量 r1 定义为 reg [8:0] r1，并且 a，b 都是 8 位的变量。

r1 = {a [3:0], b [3:0]} //表示 r1 的 r [7] = a [3]，r [6] = a [2] …r [0] = b [0]。

如果 a = 17，即 8'b00010001，b = 138，即 8'b10001010，那么 r1 = 8'b00011010。

甚至，可以这样写：r1 = {1'b0, a [2：0], 1'b0, b [2：0]}，那么 r1 = 00010010。

2.3.9 运算符的优先级

在一个表达式中可能包含多个有不同运算符连接起来的、具有不同数据类型的数据对象。由于表达式有多种运算，不同的运算顺序可能得出不同结果。当表达式中含多种运算时，必须按一定顺序进行结合，才能保证运算的合理性和结果的正确性、唯一性。

表 2-10 中，优先级从上到下依次递减，最上面具有最高的优先级，"!"和"~"具有最高的优先级，条件运算符"?"具有最低的优先级。表达式的结合次序取决于表达式中各种运算符的优先级。优先级高的运算符先结合，优先级低的运算符后结合，同一行中的运算符的优先级相同。

表 2-10 Verilog HDL 运算符的优先级

类 别	运 算 符	优 先 级
逻辑、位运算符	! ~	高
算术运算符	* / %	↑
	+ -	
移位运算符	<< >>	
关系运算符	< <= > >=	
等式运算符	== != === !==	
缩减、位运算符	& ~&	
	^ ^~	
	| ~|	
逻辑运算符	&&	
	||	
条件运算符	?	低

为提高程序的可读性，建议使用括号，即"()"，来控制运算的优先级。

例如，(a > b) && (b > c) 与 a > b&&b > c 虽然在功能上是相同的，但是看起来更清楚直接，且不容易出错。多使用"()"是良好的编程习惯，C 语言是这样，Verilog HDL 也是这样。

运算符的讲解到此告一段落，建议读者不要去背，在后面的应用过程中，自然就能掌握。

2.4 语句

要使用 Verilog HDL，就必须学习运算符，然后学习基本的语句。这些语句分为赋值语句、块语句、条件语句、循环语句、结构说明语句、编译预处理语句等。

刚开始编程的时候并不需要很复杂的语句，越复杂的语句在综合的过程中就越复杂，常见的 C 语言的 while 循环语句如果内容稍微复杂，在 Verilog 中照葫芦画瓢，结局可能是综合不了，还有可能是综合成功了，最后却得到了错误的结果。因此使用复杂语句的人不见得就是高手，时刻牢记现在设计的可是硬件电路，代码的长度不能代表硬件的性能或开销。

所以，在达到了比较高的层次，才选择尝试复杂的语句。首先从赋值语句与结构说明语句开始。

2.4.1 赋值语句、结构说明语句、阻塞与非阻塞

1. 连续赋值语句 assign

assign 语句用于对 wire 型变量赋值，是描述组合逻辑最常用的方法之一。

例如，assign c = a&b；　//a、b 可以是 wire 型变量或寄存器变量，c 必须是 wire 型变量或其他线网型变量。

2. 过程赋值语句"="和"<="

用于对 reg 型变量赋值，在过程块中使用过程赋值语句。过程赋值有非阻塞和阻塞两种方式。

非阻塞（non-blocking）赋值方式：

$$赋值符号为 <=，如 b <= a；$$

阻塞（blocking）赋值方式：

$$赋值符号为 =，如 b = a；$$

非阻塞赋值方式和阻塞赋值方式是截然不同的。

阻塞的概念：在一个块语句中，如果有多条阻塞赋值语句，在前面的赋值语句没有完成之前，后面的语句就不能被执行，就像被阻塞了一样，因此称为阻塞赋值方式。

非阻塞的概念：多条非阻塞赋值在过程块内同时完成赋值操作，多条语句相当于同时执行！要掌握其区别，还需要先学习过程块。

3. 过程说明语句 always 和非阻塞与阻塞的研究

always 块包含一个或一个以上的语句（如：过程赋值语句、条件语句和循环语句等），在运行的全过程中，在时钟控制下被反复执行。也就是说，时钟有效边沿来了就执行。

在 always 块中被赋值的只能是寄存器 reg 型变量。

always 块的写法是：always @（敏感信号表达式）

例如：

always @（clk）//只要 clk 发生变化就触发

always @（posedge clk）//clk 上升沿触发

always @（negedge clk）//clk 下降沿触发

always @（negedge clk1 or posedge clk2）// clk1 下降沿触发，clk2 上升沿也触发

always @（*）该语句所在模块的任何输入信号变化了都触发，这是一种偷懒的写法。

［程序实例 2.5］为说明 always 块，使用了阻塞赋值。

[程序实例 2.5]　always 块

```
module ifblock(clk,i_a, o_b, o_c);        【1】
input clk, i_a;                           【2】
output o_b, o_c;
reg b =0,  c =0;                          【3】
assign o_c = c;                           【4】
assign o_b = b;
always @ （posedge clk）                   【5】
  begin
    b = i_a; //阻塞赋值                    【6】
      c = b;
  end
endmodule
```

[程序实例 2.5] 代码中【1】所在行定义了模块 ifblock，结合【2】的输入输出描述，该模块有 2 个 1 位的输入端口 clk 和 i_a，有 2 个 1 位的输出端口 o_b 和 o_c。clk 是同步时钟信号。智能电子设备都需要有时钟，例如，手机的主频是 2G，那么这个手机的主频就是 2GHz。时钟信号可以分频或倍频成多种频率和相位的信号，给系统的各个部位提供时钟。这个代码中的 clk 是接到板子的时钟输入引脚的，是 50MHz。

[程序实例 2.5] 代码中【3】定义了寄存器变量 b 和 c，并且给予初值 0。【4】使用 assign 将寄存器变量 b 和 c 的值送到输出 o_b，o_c。【5】使用 always @（posedge clk）进入 always 块，在时钟的上升沿（posedge 表示正边沿，上升沿）将执行随后的 begin 和 end 之间的代码，即【6】及下面的一条寄存器赋值语句，这里采用了" ="，是阻塞赋值。

由阻塞的概念"在一个块语句中，如果有多条阻塞赋值语句，在前面的赋值语句没有完成之前，后面的语句就不能被执行，就像被阻塞了一样。"因此称为阻塞赋值方式。那么先将输入端口 i_a 的输入赋给寄存器 b，然后将 b 的值赋给 c。

在每次时钟的上升沿，都要进行"将输入端口 i_a 的输入赋给寄存器 b，然后将 b 的值赋给 c"这样的逻辑，对代码进行综合，综合的结果如图 2-5 所示。

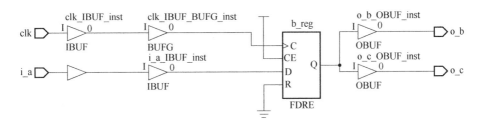

图 2-5　[程序实例 2.5] 综合后的电路（always 块，使用阻塞）

图 2-5 中的寄存器 b_reg 在每个时钟上升沿，将 i_a 的数据读入。如果写 D 触发器的激励方程，就是 D = i_a。由此可见确实使用时序电路描述了 always 块。按照数字逻辑设计及应用的说法，时钟同步状态机。

输出 o_b 和 o_c 都等于寄存器 b_reg 的输出，这是由于阻塞。在每次时钟的上升沿，都要进行"将输入端口 i_a 的输入赋给寄存器 b，然后将 b 的值赋给 c"，因为将 i_a 的输入赋给寄存器 b，又将 b 寄存器的值赋给 c，这个操作实际上一瞬间完成了，实际上不需要两个寄存器，结果是产生两个相同的输出 o_b 和 o_c，因此直接综合出图2-5 的电路和代码等效。

也许读者很想知道如果使用非阻塞赋值将是什么样的情况。

将［程序实例2.5］中的阻塞改为非阻塞，得到［程序实例2.6］。

［程序实例2.6］　always 块，非阻塞

```
module ifblock(clk,i_a, o_b, o_c);
input clk, i_a;
output o_b, o_c;
reg b = 0, c = 0;
assign o_c = c;
assign o_b = b;
always @ (posedge clk)
  begin
    b <= i_a; //非阻塞赋值                              【1】
     c <= b;                                            【2】
  end
endmodule
```

与［程序实例2.5］相比，只有【1】及【2】语句有变化，将阻塞改为非阻塞。重新综合之后，得到图2-6 所示的结果。

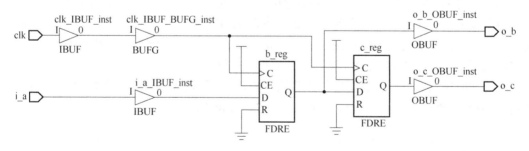

图 2-6　［程序实例2.6］综合后的电路（always 块，使用非阻塞）

图2-6 中的寄存器 b_reg 在每个时钟上升沿，将 i_a 的数据读入（b <= i_a）。同样，寄存器 c_reg 在每个时钟上升沿，将 b 的数据读入（c <= b）。读者要清晰地认识，这不是 C 语言，两个触发器的赋值是在时钟的有效边沿下同时进行的。

根据非阻塞的概念"多条非阻塞赋值在过程块结束时同时完成赋值操作，多条语句相当于同时执行。"【1】【2】两条赋值语句同时执行，改变语句的顺序，综合的结果还是一样的。

因此，b 寄存器里面写入的是 i_a，c，寄存器里面写入的是 b 的 旧值 ，而不是 i_a。也就是说，i_a 当前的值，只有在下一个时钟上升沿到来的时候，才能写到 c 寄存器。

4. 结构说明语句 initial

Initial 语句用于对寄存器变量赋予初值。在［程序实例的 2.6］中，对寄存器变量直接赋予初值。可以使用 Initial 语句专门赋予初值。代码如［程序实例 2.7］。

［程序实例 2.7］　**always 块，非阻塞，使用 initial 赋予初值**

```
module ifblock(clk, i_a, o_b, o_c);
input clk, i_a;
output o_b, o_c;
reg b, c;                                【1】
assign o_c = c;
assign o_b = b;
initial                                  【2】
begin
    b = 0; c = 0;
end;
always @ (posedge clk)
  begin
    b < = i_a; //非阻塞赋值
        c < = b;
    end
endmodule
```

在［程序实例 2.7］中，使用 Initial 块赋予初值。在仿真的时候，initial 块非常有用，可以描述初始的激励信号。

2.4.2　条件语句

条件语句用于 always 或 Initial 过程块内部，主要包含 if-else 语句和 case 语句。

1. if-else 语句

if-else 语句用于判定所给条件是否满足，根据判定的结果（真或假）决定执行给出的两种操作之一。

if-else 语句有 3 种形式。

［表达形式 1］　**if-else 语句有 3 种形式**

1）if（表达式）　　2）if（表达式）　　　　3）if（表达式 1）
　　语句 1；　　　　　　语句 1；　　　　　　　　语句 1；
　　　　　　　　　　　else　　　　　　　　　else if（表达式 2）　语句 2；
　　　　　　　　　　　　语句 2；　　　　　　　else if（表达式 3）　语句 3；
　　　　　　　　　　　　　　　　　　　　　　　…
　　　　　　　　　　　　　　　　　　　　　　else if（表达式 n）　语句 n；

如果语句由多条组成，则必须包含在 begin 和 end 之内。

3 种形式的 if 语句后面都有表达式，一般为一般的表达式。当表达式的值为 1，按真处理；若为 0、x、z，按假处理。

else 语句不能单独使用，它是 if 语句的一部分。

If 和 else 后面都可以包含一个语句，也可以有多个语句。如果是多个语句，必须用 begin_end 将它们包含起来成为一个复合块语句。

if 语句可以嵌套，即 if 语句中可以再包含 if 语句，但是应该注意 else 总是与它上面的最近的 if 进行配对。

如果不希望 else 与最近的 if 配对，可以采用 begin_end 进行分割，如：

if ( )

begin

if ( )　语句 1；

end

else

语句 2；

这里的 else 与第一个 if 配对，因为第二个 if 被限制在了 begin_end 内部。

在设计时序时需要注意，如果只有 if 而没有 else，会生成无用的锁存器，因此最好配对使用。

2. case 语句

case 语句是一种多分支选择语句，if 只有两个分支可以选择，但是 case 可以直接处理多分支语句，这样程序看起来更直观简洁。表 2-11 为 case 语句真值表。

[表达形式 2]　**case 语句的 3 种形式**

1) case（表达式）　　< case 分支项 >　　endcase
2) casex（表达式）　　< case 分支项 >　　endcase
3) casez（表达式）　　< case 分支项 >　　endcase

case 分支项的一般格式：

分支表达式：　语句；

默认项（default）　语句；

case 后括号内的表达式称为控制表达式，分支项后的表达式称作分支表达式，又称作常量表达式。控制表达式通常表示为控制信号的某些位，分支表达式则用这些控制信号的具体状态值来表示。当控制表达式和分支表达式的值相等时，就执行分支表达式后的语句。

default 项可有可无，一个 case 语句里只许有一个 default 项。每一个 case 的表达必须各不相同，执行完 case 分支项的语句后，立即会跳出 case 块。

case 语句的所有表达式的值的位宽必须相等。

在 case 语句中，分支表达式每一位的值都是确定的（或者为 0，或者为 1）；在 casez 语句中，若分支表达式某些位的值为高阻值 z，则不考虑对这些位的比较；在 casex 语句中，若分支表达式某些位的值为 z 或不定值 x，则不考虑对这些位的比较。

在分支表达式中，可用 "？" 来标识 x 或 z。

表 2-11　Verilog HDL 的 case 语句真值表

case	0 1 x z	casez	0 1 x z	casex	0 1 x z
0	1 0 0 0	0	1 0 0 1	0	1 0 1 1
1	0 1 0 0	1	0 1 0 1	1	0 1 1 1
x	0 0 1 0	x	0 0 1 1	x	1 1 1 1
z	0 0 0 1	z	1 1 1 1	z	1 1 1 1

[程序实例 2.8]　case 语句实现多路复用器

```
module mux4to1(out,a,b,c,d,select);
    output out;
    input a,b,c,d;
    input[3:0] select;
    reg out;//该寄存器名称与输出信号 out 同名,实际将其输出至 out 端口
    always@ (select[3:0] or a or b or c or d)
    begin
        casex (select)
            4'b??? 1: out = a;
            4'b?? 1?: out = b;
            4'b? 1??: out = c;
            4'b1???: out = d;
        endcase
    end
endmodule
```

[程序实例 2.8] 中,当输入为??? 1 时,即最低位位 0 为 1 时,将输入 a 送到输出;当输入为?? 1? 时,即位 1 为 1 时,将输入 b 送到输出;当输入为? 1?? 时,即位 2 为 1 时,将输入 c 送到输出;当输入为 1??? 时,即最高位 3 为 1 时,将输入 d 送到输出。当任何输入发生变化的时候（always@（select [3：0] or a or b or c or d）都会触发输出的变化,综合的结果是组合逻辑的多路复用器。

使用 always 语句不一定非要综合成时序逻辑,在组合逻辑可以实现的时候,开发软件一样会综合成组合逻辑。

2.4.3　循环语句

在 Verilog 中存在着 4 种类型的循环语句,用来控制执行语句的执行次数。这些语句在 C 语言中很常见,也是必须的,但在 FPGA 设计中,很难被综合,多用于在仿真代码中生成仿真激励信号。

forever 语句:连续执行的语句。

格式:forever begin 语句块 end。

forever 常用于仿真代码中。

[程序实例 2.9] **forever 实现驱动波形**

```
forever                                            【1】
begin
#10 clk = 1;
#10 clk = 0;
end
always #10 clk = ~ clk                             【2】
```

[程序实例 2.9] 中【1】和【2】是等价的，都是产生 20 个时间单位的方波，占空比为 50% 。

至于仿真的时间单位，可以在系统中设置，也可以在仿真文件的开始时加上：

timescale 1ns / 1ps   //时间单位 1ns，精度 1ps

repeat 语句：连续执行 n 次的语句。

格式：repeat（表达式） begin 语句块 end。

其中"表达式"用于指定循环次数，可以是一个整数、变量或者数值表达式。如果是变量或者数值表达式，其数值只在第一次循环时得到计算，从而得到确定循环次数。repeat 语句也常用于仿真。

while 语句：执行语句，直至某个条件不满足。

格式：while（表达式） begin 语句块 end。

表达式是循环执行条件表达式，代表了循环体得到继续重复执行时必须满足的条件，通常是一个逻辑表达式。在每一次执行循环体之前，都需要对这个表达式是否成立进行判断。"语句块"代表了被重复执行的部分，可以为单句或多句。while 语句在执行时，首先判断循环执行条件表达式是否为真，如果真，执行后面的语句块，然后再重新判断循环执行条件表达式是否为真，直到条件表达式不为真为止，并退出循环。因此，在执行语句中，必须有改变循环执行条件表达式的值的语句，否则循环就变成死循环。

for 语句：三个部分，尽量少用或者不用 for 循环

for（表达式 1；表达式 2；表达式 3） 即 for（循环变量赋初值；循环执行条件；循环变量增值）。例如 for（i = 1；i < = 6；i = i + 1）。

如果要让系统能够综合，那么循环的次数一定是固定的。[程序实例 2.10] 实现了统计输入的 8 位数据 in 中 1 的个数，每个时钟上升沿统计一次。

[程序实例 2.10] **使用 for 统计输入 8 位数据中 1 的个数**

```
module cnt2( in,clk,cnt );
    output[3:0] cnt;
    input [7:0] in;
    input clk;
    reg[3:0] i;
    reg[3:0] cnt;
    always @ ( posedge clk)
```

```
    begin
        cnt = 0;                              //cnt 初值为 0
        for( i = 0;i < = 7;i = i + 1 )        // 循环 8 次
        begin
            if( in[ i ] ) cnt = cnt + 1;      //如果位 i 为 1,则 cnt 加 1
        end
    end
endmodule
```

一般来说,如果循环次数是不确定的,例如是 N 次循环,就不能够被综合。什么时候结束循环,并跳出循环状态,应该用计数器对循环次数进行计数,并使用检测电路来判断是否应该结束循环,而不是单纯用循环语句来执行。Verilog HDL 中没有 break、countinue、go to 这些语句,也是因为以上这个道理。for 这种语句可以被综合,但它的循环次数一定是固定的,才可以被综合,即 Verilog HDL 语言表示的语句有实际电路可以对应。而且,Verilog HDL 追求的是生成电路最简单,而不是程序代码最简单,程序代码简单,可能会使电路更复杂,因此能不使用循环语句尽量不使用。

下面的实例使用 while 循环,而循环的次数是不定的,结果是没有综合成功。

　　[程序实例 2.11]　使用 while 统计输入 8 位数据中 1 的个数

```
module cnt1 ( in,clk,cnt );
    output[ 3:0 ] cnt;
    input [ 7:0 ] in;
    input clk;
    reg[ 3:0 ]cnt;
    reg[ 7:0 ] temp;                          //用作循环执行条件表达式
    always @ ( posedge clk )
    begin
        cnt = 0;                              //cnt 初值为 0
        temp = in;                            //temp 初值为外部输入值 in
        while( temp > 0 )                     //若 temp 非 0,则执行以下语句
        begin
            if( temp[ 0 ] ) cnt = cnt + 1;    //只要 temp 最低位为 1,则 cnt 加 1
            temp = temp > > 1;                //右移 1 位
        end
    end
endmodule
```

因为输入的 temp 不定,如果输入的是 00000000,循环不会执行;而当输入的是 1XXXXXXX,那么循环要 8 次,因此综合失败。

Vivado 给出的信息是:

// ［Synth 8-3380］loop condition does not converge after 2000 iterations ［" E：/provivado/bppro/p_LearnHDL/p_LearnHDL. srcs/sources_1/imports/new/cnt1. v"：33］

迭代次数不定，无法设计电路实现。

而［程序实例2.10］使用 FOR 循环完成了综合，综合后的电路如图2-7所示。这是因为循环次数是固定的，Vivado 可以实现综合。

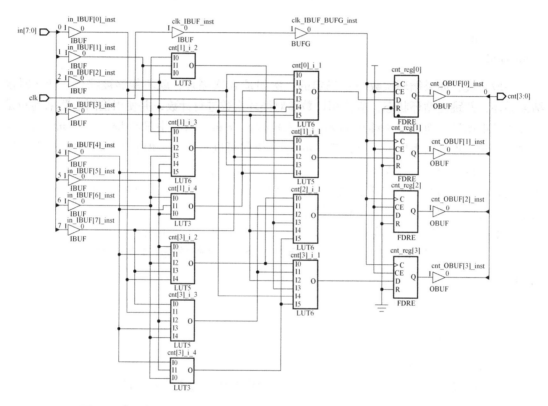

图2-7 ［程序实例2.10］使用 FOR 循环实现 1 的个数统计，综合后的电路

到这里，Verilog HDL 的基础就讲完了。读者可以使用所学的知识应用在 FPGA 设计上，并在本书后续章节的实践中逐步巩固和加强。

要进行 FPGA 的开发，需要在芯片厂家提供的开发工具下进行开发，即使用 Verilog HDL。下面进入 Xilinx FPGA 的最新的开发软件 Vivado 的学习。

2.5 Vivado 初步

Vivado 设计套件，是 FPGA 厂商 Xilinx 公司 2012 年发布的集成设计环境。它包括高度集成的设计环境和新一代从系统到 IC 级的工具，这些均建立在共享的可扩展数据模型和通用调试环境基础上。这也是一个基于 AMBA AXI4 互联规范、IP-XACT IP 封装元数据、工具命令语言（TCL）、Synopsys 系统约束（SDC）以及其他有助于根据客户需求量身定制设计流程并符合业界标准的开放式环境。Xilinx 构建的 Vivado 工具把各类可编程技术结合在一起，通过 Vivado 可以完成对 Xilinx 的 FPGA 器件的功能开发。

如果不使用 Vivado，就不能很好地支持 7 系列或更新的 Xilinx 的 FPGA 开发。这就好比如果坚持使用 32 位的操作系统，就不能很好地使用 64 位的应用软件。

使用 Vivado 还可以应用 Xilinx 提供的或第三方提供的 IP 核。使用这些 IP 核可以方便地设计诸如时钟驱动、滤波器、存储器、XADC 驱动、PCIE 等接口、DSP 及 CPU 等功能，而不需要重新进行开发设计。Xilinx 的 IP 核的数量较多，方便了工程设计人员开发产品。另外，使用者也可以将自己的设计生成 IP 核。

本章的重点在 Vivado 的简单应用，更多深入的内容在后续的章节逐步展开。本书的所有程序都在 Vivado 开发环境下进行了验证。

2.5.1　Vivado 获取和安装

进入 Xilinx 官方网站，单击主页上的链接就可以下载 Vivado。安装 Vivado 时会提示是否同意使用协议，要选择"同意"，在提示选择版本时，选择"system edition"，如图 2-8 所示。

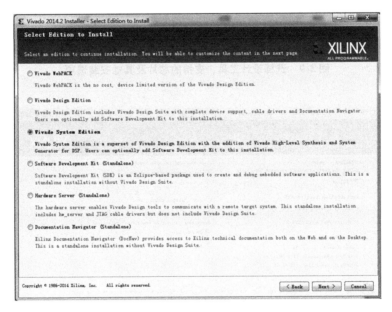

图 2-8　选择 system edition

可以根据图 2-9 选择设计工具，选择全部支持的新品，选择全部的其他安装选项。之后如图 2-10 所示设置工作目录，填写程序组，之后按向导指引完成安装。

强烈建议不要将 Vivado 安装在 C 盘，因为 Vivado 占据的空间较大，C 盘太满会影响系统运行速度。

2.5.2　Vivado 主界面

本节介绍 Vivado 的主界面，如何建立工程等内容将由第 3 章的"我的第一个工程"实例给出。打开 Vivado 及已经开发的工程，可以看到如图 2-11 所示的界面。

（1）上部①为菜单项，包括 File、Edit、Flow、Window、Layout、View、Help 共 7 个主菜单，每个主菜单单击后下拉，分为很多个子菜单。Vivado 的菜单项很多，但是一般并不需

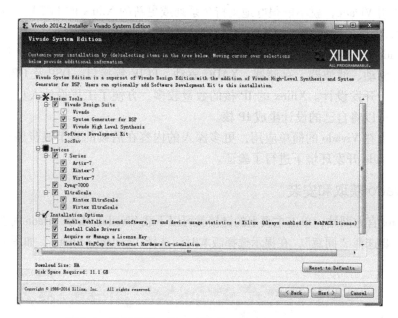

图 2-9 选择设计工具、支持的芯片及其他安装选项

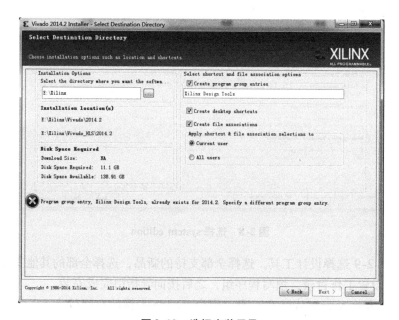

图 2-10 选择安装目录

要经常使用菜单，因为②部分给出了常用功能的快捷菜单。

（2）②部分给出了常用功能的快捷菜单。当用鼠标移动到快捷菜单上，会显示该菜单的功能，读者很快就能掌握常用的快捷菜单。

（3）③部分为流程向导，分为 7 个部分。

首先是 Project Managment 工程管理器，可以设置工程，例如使用什么芯片，多少个引脚，速度等级等。或者添加代码，设置 IP 核路径等。

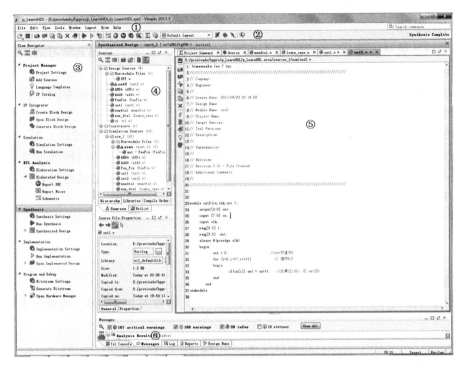

图 2-11　Vivado 主界面

第二部分是 IP Integrator，及 IP 集成器。这项是 ISE 没有的，该功能主要是用于嵌入式系统的设计。

第三部分是仿真器，本文使用其内置的仿真器 Vivado Simulator 进行仿真。

第四部分是 RTL 分析，对 Verilog HDL 源文件代码进行寄存器传输级别的分析，生成寄存器传输级别的电路，但并非综合后的电路。

第五部分就是综合（Synthesis）。综合类似于编程中的编译，将高层次的寄存器传输级别的 HDL 设计转化为优化的低层次的逻辑网表。

第六部分是实现（Implementation）。在综合后，根据工程设置的硬件和约束文件等，以及综合的结果，就可以进行实现的过程，实现后就可以有条件地生成目标文件。

第七部分是编程和调试（Program and Debug）。在实现后，就可以通过"编程和调试"下的"Generate Bitstream"生成支持 JTAG 调试的比特流文件及最终的 bin 目标文件，并可通过"Open Hardware Manager"打开硬件管理器，连接目标板下载代码，并进行测试，最终下载到 FPGA 硬件。

（4）④部分为工程窗口，用于快速找到工程中使用的文件，采用分页的形式显示。

（5）⑤部分为源代码，仿真及综合结果等也显示在这个分页的区域。

（6）⑥部分为分页的 TCL 控制台、消息窗口等。综合实现过程的警告和错误信息都会显示在消息窗口。在 Vivado 上，TCL 已经成为唯一支持的脚本，使用 TCL 可以灵活地编辑网表文件（无需重新综合）、定制报告等，并可方便地与图形界面交互。TCL（读作 tickle）诞生于 20 世纪 80 年代的加州大学伯克利分校，作为一种简单高效可移植性好的脚本语言，目前已经广泛应用在几乎所有的 EDA 工具中。TCL 的最大特点就是其语法格式极其简单其至可以说僵化，采用纯粹的［命令 选项 参数］形式，是名副其实的"工具命令语言"（Tool Command Language）。

本小节只是简单地对 Vivado 做了安装和界面的介绍，在这个基础上学习后面的实例部分，读者将掌握使用 Vivado 开发的细节。

本章完成了 Verilog HDL 语言的学习，学习的内容已经足够支持基本的开发。然后对 Vivado 有了一些了解。

后面的章节将引领大家由浅入深地进入工程设计部分，同时将学习设计工程，仿真，进行约束及实现，调试及下载，使用 IP 核及设计 IP 核。并逐步实现使用 FPGA 开发组合逻辑电路和时序逻辑电路，再从简单的流水灯到电子秒表、串口……通过这些设计逐步加深对 HDL 语言的掌握，熟练使用 Vivado。

1）编写 Verilog HDL 模块，实现与非门的设计。

2）编写 Verilog HDL 模块，实现将输入 a［7：0］与输入 b［7：0］的较大者送到输出 c［7：0］。

3）编写 Verilog HDL 模块，实现统计 a［8：0］中 1 的个数。

4）编写 Verilog HDL 模块，实现 8 位的输出 f 的高 4 位为 8 位拨码开关输入 sw［7：0］的低 4 位加 2，而 f 的低 4 位是拨码开关输入 sw［7：0］的高 4 位加 4。（可使用位拼接运算符）

5）编写 Verilog HDL 模块，实现 100101 序列检测器。

6）编写 Verilog HDL 模块，使用 FOR 语句实现从 0 加到 1000。

7）在时钟的作用下，使用非阻塞赋值实现三位的移位寄存器，并分析是否可以使用非阻塞赋值实现。

8）while 循环是可以综合的吗？能给出实例吗？

第 3 章

组合逻辑电路与Vivado进阶

从本章起，开始进入本书的实践部分。

数字逻辑电路分为两大类，一类是组合逻辑电路（Combinational logic circuit），一类是时序逻辑电路（Sequential logic circuit）。有什么样的输入，就有什么样的输出，数字电路的输出只依赖于当前输入值的组合，这样的电路称为组合逻辑电路。本章在 Vivado 开发环境下，使用 Verilog HDL 语言编写代码，根据第 1 章及附录中 FPGA 电路板的资料编写约束文件，对组合逻辑电路进行实现，并进行仿真，然后下载到电路板进行验证。

组合逻辑电路的实现较为简单，适合于 FPGA 开发的入门。通过本章的学习也可以加强对组合逻辑电路的理解。

本章实现的第一个工程是非常简单的多数表决器，作为"我的第一个工程"需要详细学习，通过该工程可基本掌握使用 Vivado 进行项目开发的流程，熟练使用基本的 Verilog HDL 语言，熟练掌握 FPGA 的仿真方法，并熟练掌握电路板的使用方法。第二个工程是设计 3-8 译码器，第三个工程将 3-8 译码器实现为 IP 核，之后使用该 IP 核再次实现多数表决器。

3.1 我的第一个工程——多数表决器

题目是：假设有三个举重裁判，举重选手完成比赛后，当有多数裁判认定成功时，则成功；否则失败。请设计此举重裁决电路。这个举重裁决电路实际上就是一个三输入的多数表决器。

多数表决器是纯粹的组合逻辑。本节首先分析多数表决器电路，得到输出 F 的逻辑函数。然后在 Vivado 下建立工程，实现 Verilog HDL 语言的代码编写，综合后查看 RTL 和综合后的原理图，之后进行仿真。在仿真之后，编写约束文件，进行实现和代码生成。最后下载到电路板进行验证。

因此，"我的第一个工程"是一个完整的流程。

3.1.1 多数表决器的分析和逻辑实现

假设多数表决器的三个输入分别是 a、b、c，输出是 f。

根据问题的描述，填写真值表3-1，得到最小项表达式 $f = \sum_{abc} (3, 5, 6, 7)$。图3-1为多数表决器的卡诺图。

表 3-1 多数表决器的真值表

a	b	c	f
0	0	0	0
0	0	1	0
0	1	0	0
0	1	1	1
1	0	0	0
1	0	1	1
1	1	0	1
1	1	1	1

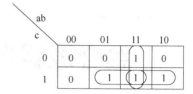

图 3-1 多数表决器卡诺图

注：圈图，得到 $f = ab + ac + bc$。

3.1.2 多数表决器的工程创建

打开 Vivado，得到如图 3-2 所示的界面。

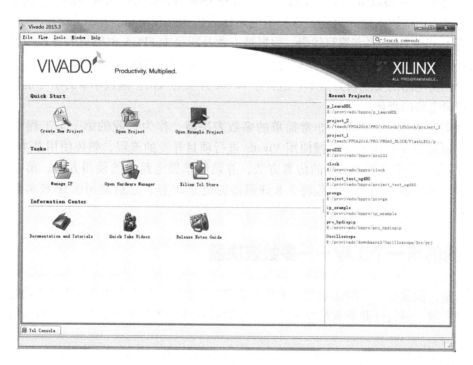

图 3-2 打开 Vivado 之后的界面

图 3-2 左侧是快捷图标按钮，右侧是最近使用的工程。直接单击"Create New Project"图标来创建新工程，弹出图 3-3 所示窗口，输入工程名称，选择工程目录。

选择 e：/provivado/bppro 作为工程的父目录，创建的工程名称是 p_dsbjq。选中"Create project subdirectory"检查框，将在 e：/provivado/bppro 下生成一个工程子目录 p_dsbjq。以后工程的所有文件都将在 e：/provivado/bppro/p_dsbjq 目录下。按"Next"按钮继续。

接下来弹出选择工程类型的窗口，如图 3-4 所示。

RTL 工程是寄存器传输级别的工程，我们编写的 HDL 代码就是 RTL 描述，这里选择 RTL 工程即可。

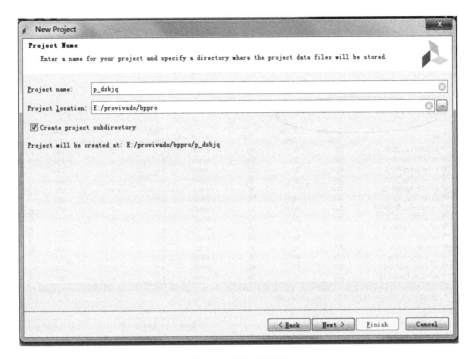

图 3-3 新工程窗口

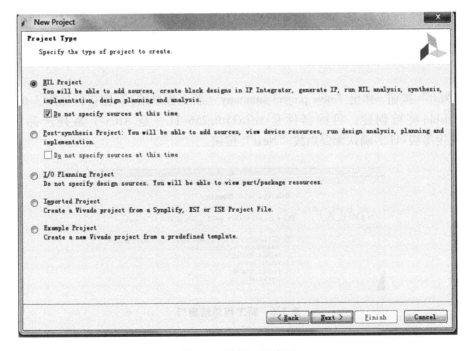

图 3-4 选择工程类型

选中"Do not specify sources at this time"检查框,这里我们从头开始设计,不选择任何源代码。按"Next"按钮,弹出工程设置窗口,如图 3-5 所示。

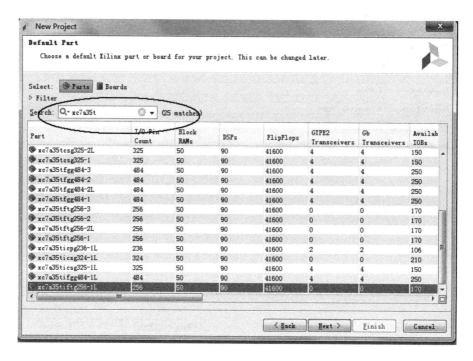

图3-5　选择器件

电路板器件的选型为 Artix-7 系列的 FPGA，型号为 xc7a35tftg256-L，因此在中部 "Search" 后面的下拉列表输入 "xc7a35t"，选择 xc7a35tftg256-1L。

如果选择的器件不匹配，资源数量、引脚等都对应不上，将不能成功地对 FPGA 进行配置。

按 "Next" 按钮，弹出 "new project summary（新工程总结）" 窗口，见图3-6，显示当前工程 p_dsbjq 将被创建，目标器件是 xc7a35tftg256-1L，是 Artix-7 系列产品，封装是 ftg256，速度等级-1L。确认无误后按 "Next" 按钮。

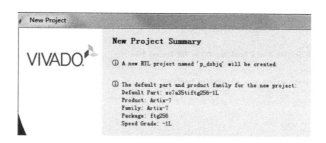

图3-6　新工程总结窗口

之后，弹出 "Create Project" 窗口，窗口上的滚动条一直在滚动，表示 Vivado 正在创建工程，见图3-7。

等待几十秒钟，具体时间取决于电脑的速度。新工程创建完毕，得到如图3-8所示的界面。

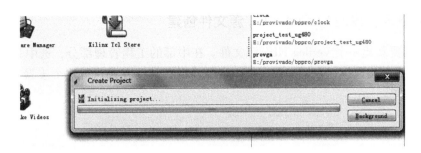

图 3-7　Create Project 窗口

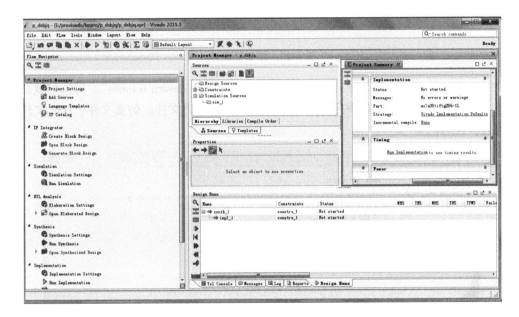

图 3-8　工程创建完成后的界面

这是一个全新的工程，没有任何的用户编写的源文件。打开工程所在的目录，查看目录下有哪些文件，见图 3-9。

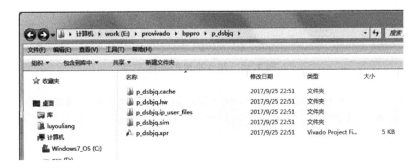

图 3-9　工程创建完成后的工程目录

3.1.3 多数表决器的 Verilog HDL 源文件创建

现在我们要新建一个 Verilog HDL 源文件。在中部的工程管理部分，选中 Source 页，按 "增加源文件" 的快速按钮来增加源文件。当然，也有其他方式执行这个步骤，例如用鼠标右键或使用菜单。

图 3-10　增加源文件

之后在弹出的 "Add Source" 窗口选择 "Add or create design sources"，即添加或新建一个设计文件。源文件的类型按顺序分别有：约束文件、设计文件、仿真文件、DSP 文件、块设计文件及已有的 IP 文件。

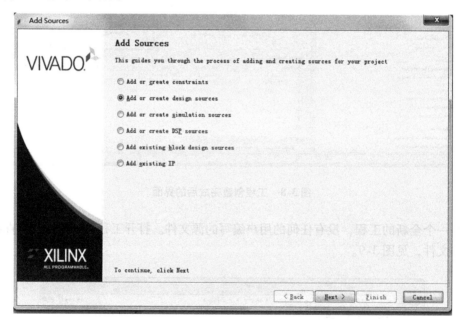

图 3-11　源文件类型选择

在弹出的 "Add or Create Design Sources" 窗口按 "Create File" 按键。如果是增加已有的文件，就应该按 "Add Files" 按钮或按 "＋" 快捷按钮。这里我们要创建文件，按 "Create File" 按键。

之后弹出 Create Source File 窗口，文件的类型是 Verilog。输入文件名 dsbjq。这里和工程名一样，使用了多数表决器的拼音首字母。读者可以根据企业或行业的规定规范地命名文件。文件位置不需要更改，就是本地工程即可（Local to Project）。

按"OK"按键进入下一步。看到文件 dsbjq. v 被加到图 3-12 的中间列表中，按"Finish"按键，之后弹出模块命名和端口定义窗口如图 3-14。

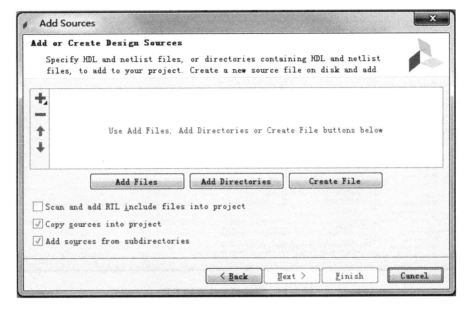

图 3-12　Add or Create Design Sources 窗口

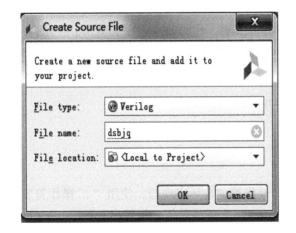

图 3-13　创建源文件窗口

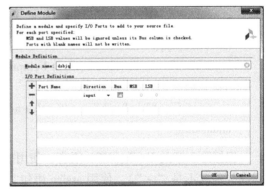

图 3-14　模块命名和端口定义窗口

模块名不需要修改，跟文件名一致。下面是端口定义，建议这里也不需要进行定义，因为到后面的编辑器里面去定义会更方便，速度更快。

直接按"OK"按键。

在之后弹出的窗口按"Yes"按键，完成文件的创建，得到如图 3-15 所示的界面。读者可以看到 dsbjq. v 被添加到工程，用鼠标左键双击该文件，可在右边编辑窗口中编辑文件 dsbjq. v。

打开资源管理器，发现增加了一个目录 p_dsbjq\srcs。在该目录的 sources_1\new 下可以找到 dsbjq. v。之后编写该文件。

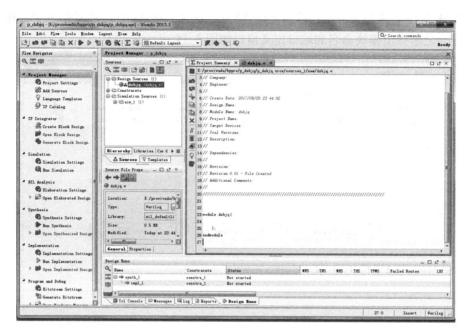

图 3-15　新建源文件后的工程

3.1.4　多数表决器的 Verilog HDL 代码实现及 RTL 分析

由 3.1.1 得出 f = ab + ac + bc，因此代码非常容易实现。代码如 ［程序实例 3.1］ 所示。

［程序实例 3.1］　dsbjq. v 代码

```
module dsbjq(
            input a,input b,input c,output f
);
    assign f = a&b|a&c|b&c;//f = ab + ac + bc
endmodule
```

根据第 2 章的 Verilog HDL 语言，使用按位与操作符 "&" 实现与，使用 "|"操作符实现或（注意不是 " + "），使用 assign 语句实现对 wire 型变量的赋值，描述出 f = ab + ac + bc 的逻辑，实现了多数表决器。

在综合之前，本着学习的目的，进行 RTL 分析。

在 Vivado 窗口左侧的 Flow Navigator 流程导航器的 RTL 分析（RTL Analysis）部分的详细设计（Elaborated Design）部分按鼠标右键，在弹出菜单中选 "New Elaborated Design" 菜单（如已进行 RTL 分析可选 "Reload Design" 菜单）。之后 Vivado 将提示正在进行分析，然后得到 RTL 电路图。

对图 3-17 所示的 RTL 分析电路图进行分析，可见该电路实现了 f = ab + ac + bc，使用了 3 个 2 输入的与门，两个 2 输入的或门，并且使用缓冲器 OBUF 增加驱动能力。

在开发过程中 RTL 分析并不是必须的，但是能帮助我们检测是否有错误，例如将代码中的 "|"用 " + " 代替，RTL 电路就出现加法器，电路的功能截然不同，请读者进行验证。

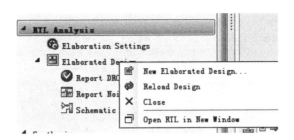

图 3-16　RTL 分析

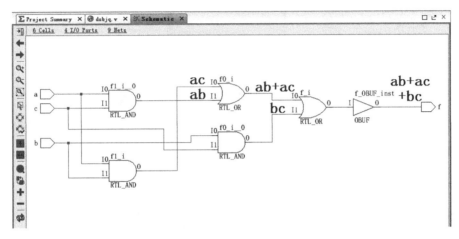

图 3-17　RTL 分析电路图

之后就可以进行综合。

3.1.5　综合

综合就如同 C 语言的编译过程，将 RTL 级别的设计描述转换成逻辑门级的逻辑描述。

无需对综合选项进行更多的设置，直接单击流程导航窗口综合（Synthesis）项下的进入综合。这时在 Vibado 窗口上部的快速按钮部分的右侧，出现综合正在进行的指示（Running synth_design），提示综合正在进行。

之后弹出综合结果的窗口，如果综合不成功，出错信息会显示在 Vivado 窗口下部的消息（Message）窗口。这里综合成功。

接下来在综合完成的窗口上单击"Open Synthesised Design（打开综合后的设计）"按钮，得到如图 3-19 的 Vivado 窗口。

在图 3-19 中，①为网标 Netlist 的列表显示，②为目标器件（Device）的详细结构。之后直接按综合项下面的原理图项，得到如图 3-20 所示的综合后的原理图。

第 1 章学习了 7 系列 FPGA 使用查找表的结构，综合后就要用查找表来实现逻辑函数，这里使用了一个查找表 LUT3，只使用了三输入。

到这里综合过程就完成了，读者可以尝试综合项下的各个功能。下面进入约束文件的编写。

图 3-18 多数表决器综合成功

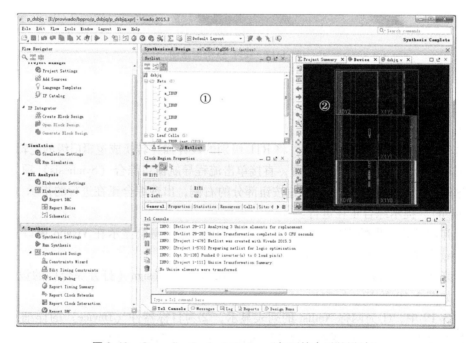

图 3-19 Open Synthesised Design（打开综合后的设计）

3.1.6 约束

约束实现的功能，是将用户的设计的接口映射到 FPGA 的引脚。

在工程窗口单击快捷按钮 来创建新文件，选择 "Add or create constraint" 选项，单

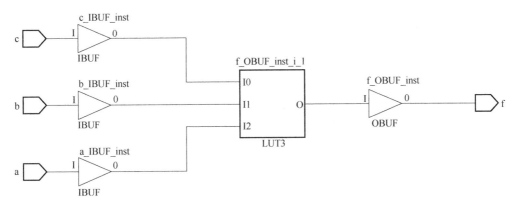

图 3-20　综合后的原理图

击"Next"按键进入下一步。单击"Create File"按键。

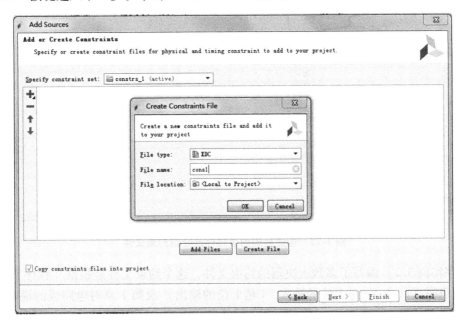

图 3-21　创建约束文件

如图 3-21 所示，文件类型为 XDC，文件名这里取为 cons1。按"OK"按键后再按"Finish"按键。在工程窗口的 Constraints 分组的 constrs_1 子分组下，新增加了 cons1. xdc 文件，双击该文件打开。得到图 3-22 空的约束文件和相应的分组。

编写约束文件，约束文件见［程序实例 3.2］。

［程序实例 3.2］　多数表决器约束文件

```
## Switches
set_property PACKAGE_PIN T5[get_ports a]
set_property IOSTANDARD LVCMOS33[get_ports a]
set_property PACKAGE_PIN R6[get_ports b]
```

set_property IOSTANDARD LVCMOS33[get_ports b]

set_property PACKAGE_PIN R7[get_ports c]

set_property IOSTANDARD LVCMOS33[get_ports c]

##led

set_property PACKAGE_PIN T14[get_ports f]

set_property IOSTANDARD LVCMOS33[get_ports f]

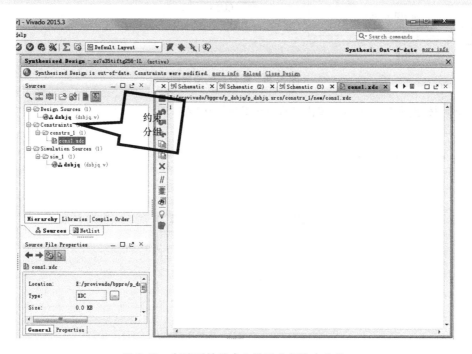

图 3-22　创建后的约束文件及分组约束文件

[程序实例 3.2] 编写了多数表决器的约束文件, 这个约束文件是根据 [程序实例 3.1] 中端口的声明 (a、b、c 是 1 位的输入, f 是 1 位的输出) 及第 1 章对电路板的说明或参考附录表 A-1 的内容, 分配拨码开关 SW0 给 a 输入端口 (FPGA 引脚 T5), SW1 给 b 输入端口 (FPGA 引脚 R6), SW2 给 c 输入端口 (FPGA 引脚 R7), 分配 LED7 给 f 输出端口 (FPGA 引脚 T14)。

这里所有约束的引脚都是设置为 LVCMOS33 的电平标准, 高电平是 3.3V。[程序实例 3.2] 的约束文件中, #之后都是注释。

"set_property PACKAGE_PIN T5 [get_ports a]" 实现了设置端口 T5 对应于端口 a。

"set_property IOSTANDARD LVCMOS33 [get_ports a]" 实现了设置端口 T5 的电平是符合 LVCMOS33 的电平标准。

3.1.7　实现

无需对实现选项进行更多的设置, 直接单击流程导航窗口实现 (Implementation) 项下的实现 (Run Implementation) 进入实现环节。这时在 Vivado 窗口上部的快速按钮部分的右侧出现正在进行实现的指示。

实现的时间比较长，有几分钟，包括了对芯片的布局、布线等过程，之后提示实现完成，在流程导航窗口实现（Implementation）项下，打开已实现的设计（Open Implemented Design）被激活，可以单击它。Implemented Design 节点下面有9项，包括定时约束的设置及各种报告，这里不需要进行研究，直接进入下一步编程和调试"Program and Debug"步骤。

3.1.8 仿真

在实现之后，就可以进入编程和调试的步骤。在这之前，可以进行仿真来验证设计的正确性。实际上，行为仿真可以在代码编写完成后就执行，无需综合代码。而综合后仿真必须在综合完成后执行；实现后仿真必须在实现完成后执行。

新建一个仿真文件的过程与新建 Verilerilog HDL 语言源文件与约束文件过程类似。在"Add Sources"窗口选择"增加或创建仿真源文件（Add or create simulation sources）"，类型是 Verilog，文件名命名为 sim-1。新建仿真文件的窗口如图 3-23 所示。

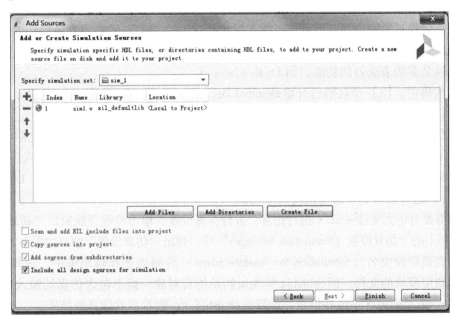

图 3-23 新建仿真文件

仿真文件名为 sim1.v，仿真文件也是 Verilog HDL 语言文件，专门用于仿真。因为未对仿真进行任何设置，默认使用 VSIM（Vivado 仿真）进行仿真。编写仿真文件，代码如［程序实例 3.3］所示。

［程序实例 3.3］ 编写仿真文件

```
`timescale 1ns / 1ps
module sim1;
    reg a,b,c;
    wire f;
```

```
    dsbjq uut( a,b,c,f );                          【1】
    initial begin                                  【2】
      a = 0;b = 0;c = 0;
    end
    always #10{a,b,c} = {a,b,c} +1;                【3】
  endmodule
```

仿真文件最开始同样要定义模块，这里定义模块名与文件名相同，为 sim1。为能够调用已经编写好的模块 dsbjq 进行仿真，需要定义寄存器变量 a、b、c 及 wire 型变量 f。在模块 dsbjq 中，输入 a、b、c 为端口，是 wire 型变量，这里定义的 a、b、c 是 reg 型变量，这是为了能够改变 a、b、c 的值以进行仿真。因为如果定义 a、b、c 为 wire 型变量，就无法直接改变它们的值，无法提供激励信号了。

在 [程序实例 3.3] 的仿真代码中，【1】所在行代码定义了一个 dsbjq 模块的实例 uut，其输入变量为 a、b、c，输出为 f。按端口位置对应关系，寄存器 a 的输出送给模块 uut 的 a 输入接口，寄存器 b 的输出送给模块 uut 的 b 输入接口，寄存器 c 的输出送给模块 uut 的 c 输入接口，模块 uut 的输出直接连接仿真模块 sim1 的输出 f。uut 既然是 dsbjq 模块的实例，那么实现的就是多数表决器的功能，即 f = ab + bc + ca。

仿真代码中，【2】所在的行开始是 initial 块，在 begin 和 end 之间对 reg 变量 a、b、c 进行了初始化，初始化为 abc = 000。

仿真代码中，【3】所在的行的是 always 块，#10 表示延迟 10ns，在 10ns 之后将 abc 的值加 1，就是依次为 0，1，2，3，4，5，6，7，0…这样就得到了仿真需要的输入序列。{a, b, c} 中的 {} 为 2.3.8 节的拼接运算符，拼接为三位的 {a, b, c}，然后加 1 后赋回给 {a, b, c}，这样就得到了递增的输入序列。

现在需要对仿真文件 sim1.v 进行仿真，进行仿真设置。单击流程导航窗口 "仿真（Simulation）" 项下的 "仿真设置（Simulation Settings）" 项，弹出 "仿真设置" 窗口如图 3-24 所示。

在仿真顶层模块名（Simulation top mudule name）后面的选择输出框中，选择 sim-1.v 作为仿真顶层模块的文件。因为 dsbjq 模块虽然是仿真对象，但不包含仿真的输入序列，而仿真文件 sim1.v 则包含了这些信息。如果选择 dsbjq.v，则看不到仿真的结果。

仿真文件也需要综合后才能执行仿真，再次进行综合。如果综合提示有错误，需反复修改仿真文件。

然后单击流程导航窗口 "仿真（Simulation）" 项下的 "运行仿真（Run simulation）" 项执行仿真。仿真完成后弹出一个新页显示仿真结果，如图 3-25 所示。

按住 Ctrl 键滚动鼠标，可以方便地放大和缩小图形。也可以使用仿真图形窗口左侧的图形按钮进行相关操作。

分析仿真结果，在仿真代码中初始化 abc 为 000，因此最开始的时候 abc = 000。但是组合逻辑有延时，现在默认的延时时间是 5ns，因此 5ns 以后，f 的值变为 1。图 3-25 上白色的箭头指示了这个延时。在 5ns 之前，输出 f 的值是不确定的，因此是红色表示。然后通过分析，当输入 000 输出为 0，输入 001 时输出为 0，输入 011 时输出为 1……和表 3-1 的真值表一致，仿真成功。

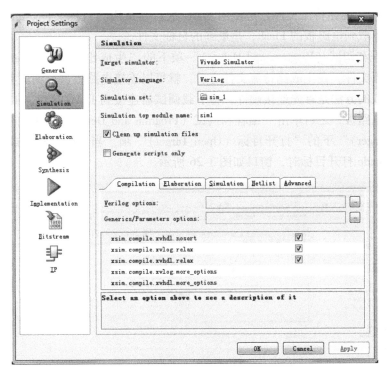

图 3-24　"仿真设置"窗口

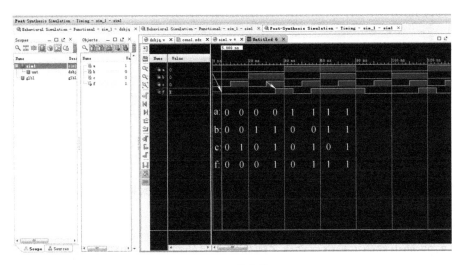

图 3-25　仿真结果

　　如果仿真不成功，那么就需要修改源文件，直到仿真成功为止。仿真的过程不是必须的，但通过仿真可以发现很多问题，通过仿真就可以验证设计的正确性。

3.1.9　编程和调试

　　在实现之后，就可以进入编程和调试的步骤。单击流程导航窗口"编程和调试（Program and Debug）"项下的"比特流设置（Bitstream Setting）"进行比特流设置，选中 bin_file。

bit 文件必然会生成的比特流文件，是使用 JTAG 进行调试用的目标文件。bin_file 也是比特流文件，用来下载到电路板的 Flash，是最终的目标文件。

　　单击"编程和调试（Program and Debug）"项下的"生成比特流（Generate Bitstream）"生成这些比特流文件。在生成比特流文件之后，就可以连接电路板进行调试和下载。

　　调试和下载的方法是首先连接硬件，将下载调试器连接到 JTAG 接口，或通过 USB 连接带有下载器的电路板，之后单击"编程和调试（Program and Debug）"项下的"硬件管理器（Hardware Manager）"下的"打开目标（Open Target）"项。当硬件未连接或虽然在物理上连接但未用 Vivado 打开目标时，窗口如图 3-26 所示。

图 3-26　使用硬件管理器（还未连接）

　　在连接下载器后，按"Open Target"项后弹出弹出菜单，单击弹出菜单的第一项"自动连接（auto connect）"，随后弹出带有滚动条的自动连接窗口，提示正在进行自动连接，很快连接到电路板。

　　连接成功后 Vivado 窗口如图 3-27 所示。

　　在图 3-27 的中部的工程窗口变成了硬件管理器的窗口，使用硬件管理器可以完成后续的调试和下载的操作。电路板的芯片型号 xc7a35t 显示在硬件管理器窗口的中部，带有 XADC。

　　如果这时关闭电路板电源或断开下载器，会提示连接丢失，localhost 下面的内容会被清空，并弹出窗口提示失去连接。再打开电路板电源或重新连接下载器后，需要重新按"Open Target"按钮进行连接。

　　在建立连接之后，按"对器件编程（Program device）"项进行调试和下载。

　　按"Program device"项之后弹出的窗口如图 3-28 所示。

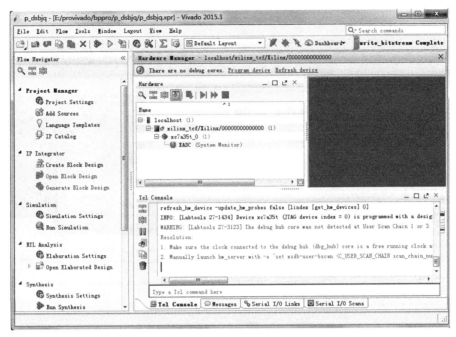

图 3-27　使用硬件管理器（已连接）

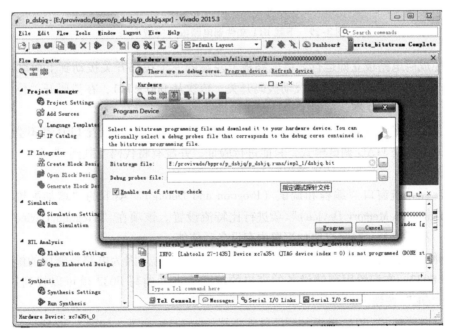

图 3-28　按"Program device"项之后弹出的窗口

　　注意在图 3-28 的器件编程窗口中，BIT 文件所在的位置是在本工程 run 目录下的 impl_1 目录下。如果不是，按右边的文件选择按钮进行选择。因为该工程未使用 Vivado 自带的逻辑分析仪，因此调试探针文件不需要指定。

　　现在按"Program"按钮将 BIT 文件下载到电路板。弹出窗口提示正在进行下载，如图 3-29。

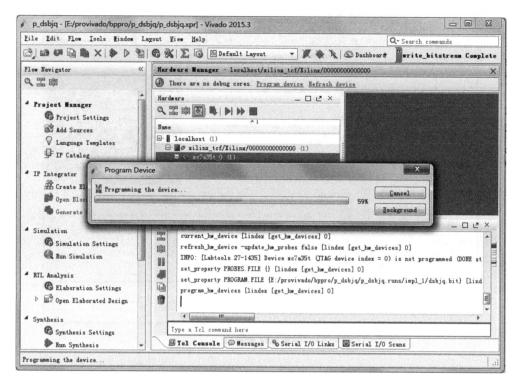

图 3-29　下载 BIT 文件到电路板（完成 59%）

下载完成后电路板立即运行。将电路板上左端的三个拨码开关拨动到上面靠近 LED 的位置，这时 abc = 000，LED 灭。拨动拨码开关，依次从 000 ~ 111，在拨码开关位置为 011、101、110、111 时 LED 亮。证明了设计的正确性。

之后关闭电路板电源，再打开电源。无论怎么设置拨码开关位置 LED 都不会亮。这是因为下载采用的是 JTAG 调试模式，只能进行验证，并没有将代码下载到 Flash。

在验证之后，通过下面的步骤烧写 Flash，完成产品。

单击流程导航窗口"编程和调试（Program and Debug）"项下的"增加配置内存设备（Add Configuration Memory Device）"项进行比特流设置。该项在"Program Device"项之前是灰色的，不可单击，在完成增加配置内存设备后使能。

之后弹出添加配置用存储设备的窗口，如图 3-30 所示。因为电路板使用的配置用内存设备为 s25fl032，在配置用存储设备的窗口的搜索输入框内写 fl032 就可以找到这个芯片。然后单击"OK"按钮。

之后可以看到 s25fl032 被添加到硬件管理器的 xc7a35t 之下，如图 3-30 所示。

之后，如图 3-31 选中 s25fl032p- spi- x1_x2_x4_0，单击鼠标右键，在弹出的菜单中选择"对配置内存设备编程（Program Configuration Memory Device）"项，弹出"对配置内存设备编程"窗口，如图 3-32 所示。

注意配置文件是扩展名为 bin 的二进制比特流文件，也在 imp_l 目录下，电路板的配置跳线应该跳在 1、2 脚，Mode2 = 0。实验证明这时调试和最终的配置都可以。然后单击"OK"按钮进行下载。

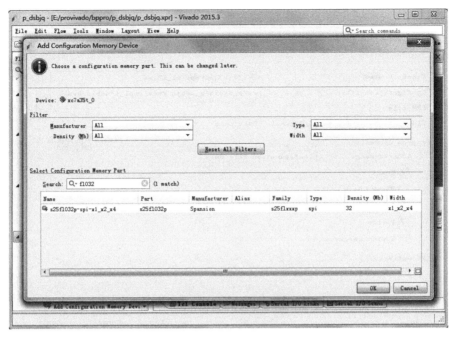

图 3-30 添加配置用器件窗口

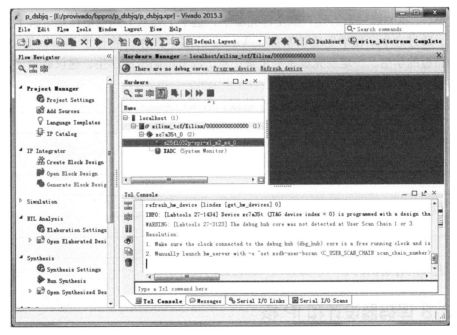

图 3-31 成功添加配置用器件

单击"OK"按钮之后弹出滚动窗口提示正在编程配置芯片。这个过程比使用 JTAG 调试模式下载要长,超过一分钟,之后提示对 Flash 的编程完成。按电路板复位按钮对电路板复位,或者掉电后再加电,之后实验结果验证正确。注意一定要复位或重新上电,因为只有这样 FPGA 才能启动用 Flash 存储的配置文件对 FPGA 进行自配置的过程,而复位后也会启动这个过程。

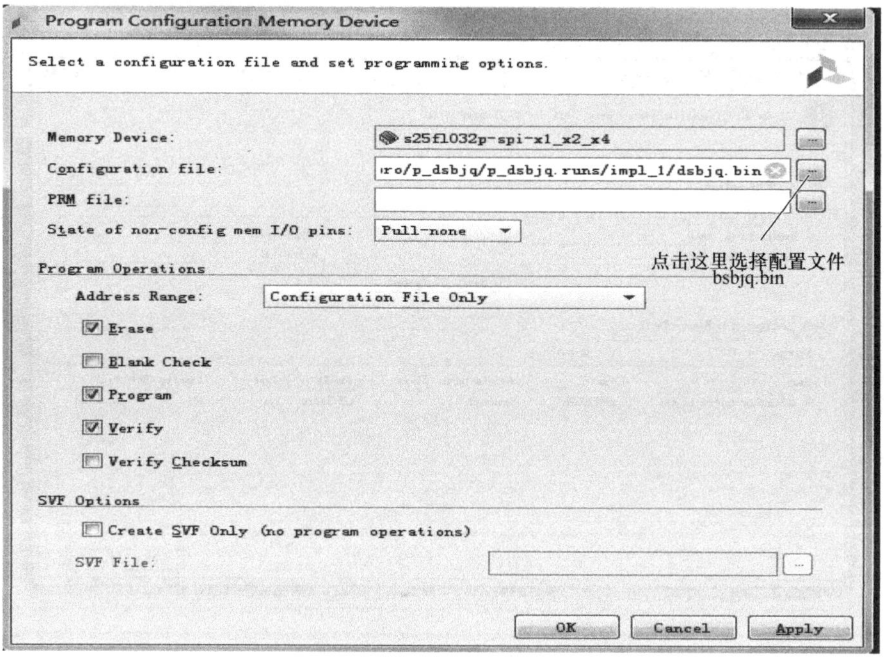

图 3-32 编程配置内存设备，选择配置文件

到这里，"我的第一个工程"就全部完成了，这个工程从头到尾地详细讲解了多数表决器的设计，通过这个工程学生应该掌握了 Vivado 的基本操作，熟悉了 Vivado 的工作环境。对于有电路板的学生，一定要完成所有步骤；对于没有电路板的学生，建议必须完成仿真。

请回答下面的问题：

我实现"我的第一个工程"到了哪个阶段，有哪些问题：＿＿＿＿＿＿＿

＿＿＿＿＿＿＿＿＿＿＿＿＿＿＿＿＿＿＿＿＿＿＿＿＿＿＿＿＿＿＿＿

我对 VeriLog HDL 语言掌握的情况：＿＿＿＿＿＿＿＿＿＿＿＿＿＿

＿＿＿＿＿＿＿＿＿＿＿＿＿＿＿＿＿＿＿＿＿＿＿＿＿＿＿＿＿＿＿＿

＿＿＿＿＿＿＿＿＿＿＿＿＿＿＿＿＿＿＿＿＿＿＿＿＿＿＿＿＿＿＿＿

我对 FPGA 原理掌握的情况：＿＿＿＿＿＿＿＿＿＿＿＿＿＿＿＿＿＿

＿＿＿＿＿＿＿＿＿＿＿＿＿＿＿＿＿＿＿＿＿＿＿＿＿＿＿＿＿＿＿＿

＿＿＿＿＿＿＿＿＿＿＿＿＿＿＿＿＿＿＿＿＿＿＿＿＿＿＿＿＿＿＿＿

下面进入组合逻辑的下一个部分——译码器的设计。

3.2 3-8 译码器设计和 IP 核

数字电路课程中译码器是 74x138，译码器设计是重点内容之一。译码器的设计比较简单，使用 Verilog 语言实现译码器就更为简单。在完成设计并下载到电路板后，将学习从工程转化为可以被其他工程调用的 IP 核。

3.2.1 译码器的实现

重新建一个工程，或者也可以更方便地从 3.1 节设计好的工程开始，将工程另存为名称为 p_74x138 的工程，如图 3-33 所示。

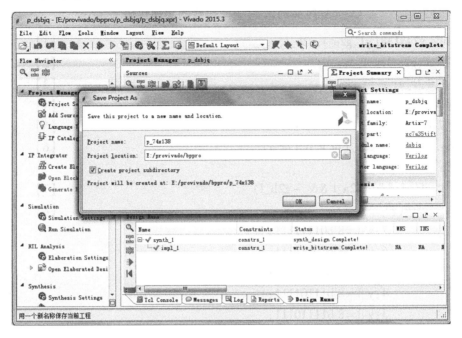

图 3-33　将工程另存为 p_74x138 工程

使用资源管理器查看，会看到在所有工程的目录 bppro 下新生成了一个 p_74x138 目录。

3-8 译码器在数字电路课程中有详细的描述，是非常重要的组合逻辑器件。3-8 译码器 74x138 的功能表如表 3-2 所示，当单个使能有多于一个无效时，输出全无效；当全部使能有效的时候，对输入进行译码，输出是 8 中取 1 码，且低有效。

表 3-2　3-8 译码器 74x138 的功能表

输　　入						输　　出							
g1	g2a_L	g2b_L	A_2	A_1	A_0	Y_0_L	Y_1_L	Y_2_L	Y_3_L	Y_4_L	Y_5_L	Y_6_L	Y_7_L
0	∅	∅	∅	∅	∅	1	1	1	1	1	1	1	1
∅	1	∅	∅	∅	∅	1	1	1	1	1	1	1	1
∅	∅	1	∅	∅	∅	1	1	1	1	1	1	1	1
1	0	0	0	0	0	0	1	1	1	1	1	1	1
1	0	0	0	0	1	1	0	1	1	1	1	1	1
1	0	0	0	1	0	1	1	0	1	1	1	1	1
1	0	0	0	1	1	1	1	1	0	1	1	1	1
1	0	0	1	0	0	1	1	1	1	0	1	1	1
1	0	0	1	0	1	1	1	1	1	1	0	1	1
1	0	0	1	1	0	1	1	1	1	1	1	0	1
1	0	0	1	1	1	1	1	1	1	1	1	1	0

新建一个 v74x138.v 文件，根据 3-8 译码器的功能表编写代码，如［程序实例 3-4］

所示。

[程序实例3.4] 译码器的实现代码

```
module v74x138(g1,g2a_l,g2b_l,a,y_l);                      【1】
input g1,g2a_l,g2b_l;                                      【2】
input[2:0]a;                                               【3】
output[7:0]y_l;                                            【4】
reg[7:0]y_l=0;                                             【5】
always @(g1 or g2a_l or g2b_l or a)                        【6】
begin
        if(g1 && ~ g2a_l && ~g2b_l)                        【7】
        case(a)                                            【8】
                7:y_l = 8'b01111111;
                6:y_l = 8'b10111111;
                5:y_l = 8'b11011111;
                4:y_l = 8'b11101111;
                3:y_l = 8'b11110111;
                2:y_l = 8'b11111011;
                1:y_l = 8'b11111101;
                0:y_l = 8'b11111110;
                default:y_l = 8'b11111111;
        endcase
        else
                y_l = 8'b11111111;
end
endmodule
```

[程序实例3.4]代码中【1】所在行定义了模块 v74x138,三个使能输入 g1、g2a_l、g2b_l(见【2】)都是1位的。输入 a 是编码输入端,是3位的输入(见【3】)。输出 y_l 是低有效的输出,是8位的输出(见【4】)。定义了一个和输出端口 y_l 同名字的8位的寄存器变量 y_l(见【5】),隐含了将寄存器变量 y_l 的输出送到 y_l 端口。

[程序实例3.4]代码中【6】所在行表示当有任何一个输入发生变化的时候,都要触发 always 块内的逻辑。注意 always 块并不一定必须生成时序逻辑,在这里就会生成组合逻辑,因为这里并没有时钟驱动,always 块内的代码描述的是在输入变化的情况下,输出要发生怎样的变化,因此会用组合逻辑实现。

代码中【7】所在的行为条件判断语句,判断使能是否有效。如果使能无效,那么输出 y_l 为全1;如果使能有效,则进入 case 语句。在 case 语句中(见【8】),根据输入 a 的值决定输出 y_l 的取值。这里的取值和功能表3-2完全对应。

之后保存该文件。在工程中删除原来的 dsbjq.v 文件(选中该文件按 Del 键或使用鼠标右键)。然后在工程窗口中的 v74x138.v 文件上单击鼠标右键,如图3-34所示。

图 3-34　设置工程的顶层文件

　　在弹出的菜单中选择"Set as Top"项，将文件 v74x138.v 设置为该工程的顶层文件。
　　之后修改仿真文件 sim1.v 及约束文件 cons1.xdc。仿真文件代码如 [程序实例 3.5] 所示，约束文件代码如 [程序实例 3.6] 所示。
　　[程序实例 3.5]　译码器的仿真代码

```
module sim1;
reg g1;
reg g2a_l;
reg g2b_l;
reg [2:0] a;
wire [7:0] y_l;
v74x138 uut (g1, g2a_l, g2b_l, a, y_l);
initial begin
    g1 =0;
    g2a_l =0;
    g2b_l =0;
    a =0;
    #100;
    g1 =1;
    g2a_l =0;
```

```
        g2b_l = 0;
end
always # 100 a = a + 1;
endmodule
```

[程序实例3.6]　译码器的约束文件

```
## Switches
set_property PACKAGE_PIN T5 [get_ports g1]
set_property IOSTANDARD LVCMOS33 [get_ports g1]
set_property PACKAGE_PIN R6 [get_ports g2a_l]
set_property IOSTANDARD LVCMOS33 [get_ports g2a_l]
set_property PACKAGE_PIN R7 [get_ports g2b_l]
set_property IOSTANDARD LVCMOS33 [get_ports g2b_l]
set_property PACKAGE_PIN R8 [get_ports {a[2]}]
set_property IOSTANDARD LVCMOS33 [get_ports {a[2]}]
set_property PACKAGE_PIN R10 [get_ports {a[1]}]
set_property IOSTANDARD LVCMOS33 [get_ports {a[1]}]
set_property PACKAGE_PIN R11 [get_ports {a[0]}]
set_property IOSTANDARD LVCMOS33 [get_ports {a[0]}]
##led
set_property PACKAGE_PIN R5 [get_ports {y_l[0]}]
set_property PACKAGE_PIN T7 [get_ports {y_l[1]}]
set_property PACKAGE_PIN T8 [get_ports {y_l[2]}]
set_property PACKAGE_PIN T9 [get_ports {y_l[3]}]
set_property PACKAGE_PIN T10 [get_ports {y_l[4]}]
set_property PACKAGE_PIN T12 [get_ports {y_l[5]}]
set_property PACKAGE_PIN T13 [get_ports {y_l[6]}]
set_property PACKAGE_PIN T14 [get_ports {y_l[7]}]
set_property IOSTANDARD LVCMOS33 [get_ports {y_l[0]}]
set_property IOSTANDARD LVCMOS33 [get_ports {y_l[1]}]
set_property IOSTANDARD LVCMOS33 [get_ports {y_l[2]}]
set_property IOSTANDARD LVCMOS33 [get_ports {y_l[3]}]
set_property IOSTANDARD LVCMOS33 [get_ports {y_l[4]}]
set_property IOSTANDARD LVCMOS33 [get_ports {y_l[5]}]
set_property IOSTANDARD LVCMOS33 [get_ports {y_l[6]}]
set_property IOSTANDARD LVCMOS33 [get_ports {y_l[7]}]
```

对工程进行综合后可进行行为仿真和综合后仿真，实现后还可进行实现后仿真。行为仿真的结果如图 3-35 所示。第 1 个 100ns 使能无效，g1 = 0，g2a_l = 0，g2b_l = 0，输出为全 1。

第 2 个 100ns 使能有效，输出值是对 a 的译码。

对比表 3-2 和图 3-35，仿真结果说明了代码的正确性。

按 3.1 节的步骤编译后下载到电路板，拨动拨码开关，当使能无效时，所有的 LED 点亮，因为输出全为 1；使能有效时，对输入进行译码，对应的 LED 熄灭。

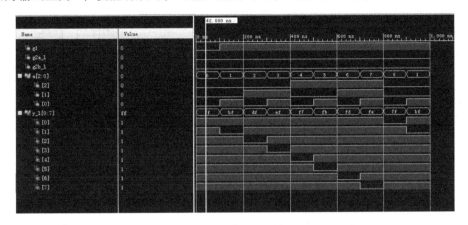

图 3-35　译码器仿真结果

通过 RGL 分析，得到 RTL 分析的原理图如图 3-36 所示。

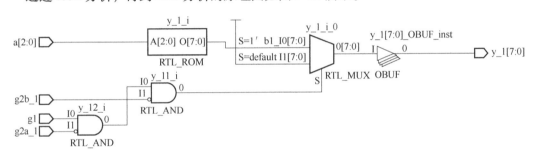

图 3-36　译码器 RTL 原理图

RTL_MUX 是多路选择器，由使能端的组合 g1＆（g2a_l'）＆（g2b_l'）作为选择端，当有一个输入无效的时候，使能 S 为 0，高电平被送出到所有的输出 y_l［7：0］，输出全为 1；当使能全部有效的时候，a［2：0］作为地址线输入到 RTL_ROM，输出的 8 根线被送到 y_l［7：0］。这个译码的组合逻辑实际上就是用 RTL_ROM 实现的，如果查看综合后的原理图 3-37，可以发现译码功能是由查找表实现的，当使能有效的时候，如果输入 5，输出 y_l［7：0］就应该为 8'b1101_1111，其中未使用任何的触发器，是纯粹的组合逻辑。

3.2.2　译码器 IP 核生成

在集成电路的可重用设计方法学中，IP 核，就是知识产权核（Intellectual Property core），是指某一方提供的、形式为逻辑单元的可重用模块。IP 核通常已经通过了设计验证，设计人员以 IP 核为基础进行设计，可以缩短设计所需的周期。

IP 核可以通过协议由一方提供给另一方，或由一方独自占有。IP 核的概念源于产品设计的专利证书和源代码的版权等。设计人员能够以 IP 核为基础进行 FPGA 的逻辑设计，可减少设计周期。这就如同在 C 语言中使用 printf 函数实现打印输出，但是在 Vivado 下设计和使用 IP 核必须遵循 Vivado 的步骤。

Vivado 提倡的积木式设计，正是与 IP 核紧密相关，用户可以将功能性设计做成一个一个 IP 核，然后"组装"起来成为产品。Vivado 本身提供了很多 IP 核可供用户使用，例如数学运算（乘法器、除法器、浮点运算器等）、信号处理（FFT、DFT、DDS 等）。另外用户也可以使用第三方的 IP 核来加快设计，例如，使用第三方提供的神经网络处理 IP 核。当然，开发者也可以开发自己的 IP 核，自己在各个工程中调用或提供给第三方使用。这一小节就把已经实现了的 3-8 译码器做成 IP 核，在下一小节中调用该 IP 核。

在当前工程环境下，单击菜单栏的"Tools"按钮，在弹出的子菜单上找到并单击"Create and Package IP"项，在弹出的窗口上直接单击"Next"按钮。

现在弹出窗口如图 3-38 所示。

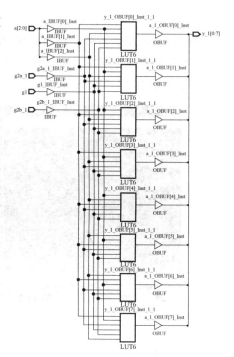

图 3-37　综合后原理图

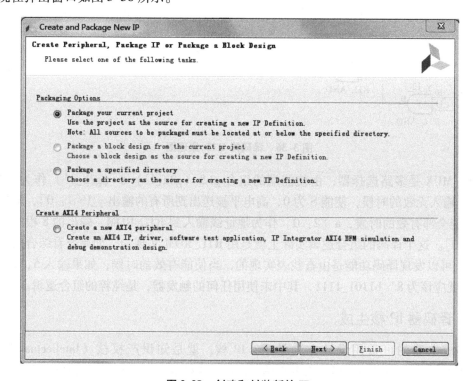

图 3-38　创建和封装新的 IP

因为从本工程创建 IP 核，所以保持选项不动，单击"Next"按钮。之后弹出如图 3-39 所示的窗口。

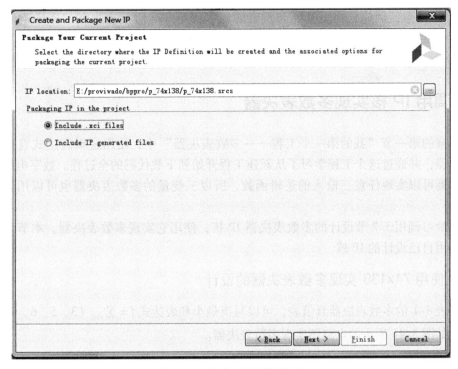

图 3-39　将本工程封装为 IP

在图 3-39 中，选择"Include . xci files"选项，则包含以 xci（IP 核文件后缀）为后缀的文件，如果选择"Include IP generated files"选项，则包含生成 IP 的文件。这里不改变默认设置，按"Next"按钮。之后弹出提示 IP 核将创建的窗口，继续按"Next"按钮。然后弹出带滚动条的窗口表示 IP 正在创建。之后窗口如图 3-40 所示。在图 3-40 中，可以进一

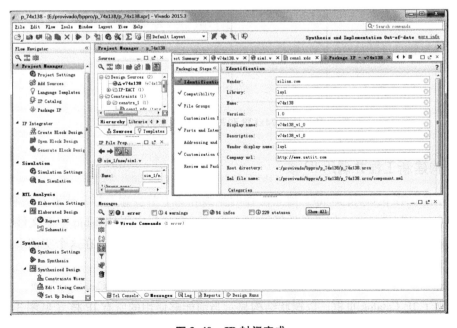

图 3-40　IP 封闭完成

步完善 IP 的信息,例如公司 URL,开发者的名字等等。然后单击页框"Review and Package"项后有封装 IP 的按钮,可以单击该按钮重新进行 IP 封装。

之后的一节将设计通过使用 74x138 实现多数表决器,将直接使用封装好的 IP 核。

3.3   调用 IP 核实现多数表决器

在本章的第一节"我的第一个工程——多数表决器"中,使用逻辑表达式直接完成了多数表决器,并通过这个工程学习了从新建工程开始到下载代码的全过程。数字电路中三输入的译码器可以实现任意三输入的逻辑函数,所以三变量的多数表决器也可以用译码器来实现。

本节学习调用 3.2 节设计的多数表决器 IP 核,使用它实现多数表决器。本节最重要的内容是调用自己设计的 IP 核。

3.3.1   使用 74x138 实现多数表决器的设计

根据表 3-1 的多数表决器真值表,可以写出最小和表达式 $f = \sum_{cba} (3, 5, 6, 7)$。因此可以得到如图 3-41 所示的电路图实现多数表决器。

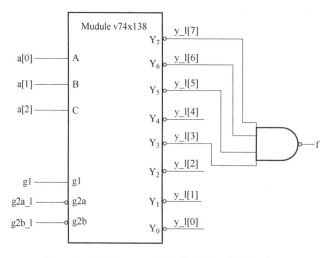

图 3-41   使用 74x138 和与非门实现多数表决器

3.3.2   构建新工程并调用 IP 核

新建一个工程 p_dsbjq_useip。建立工程的步骤和 3.1 节步骤一样,或者直接将 p_dsbjq 工程另存为 p_dsbjq_useip。如果是选择另存方式,可在工程中删掉 dsbjq.v 源文件,但不需要删除物理文件。另存的好处是不需要再设置工程对应的硬件类型,在这个实例中还不需要修改约束文件,之后要使用创建好的 IP 核。

在新建了工程后,单击流程导航下工程项下的"IP 目录(IP Catalog)"项,在右边的窗口中增加了 IP Catalog 页框,以树状结构显示当前能够使用的所有 IP 核(见图 3-42)。这些 IP 核是 Vivado 自带的,但是并不包含 3.2 节设计好的"v74x138"IP 核。

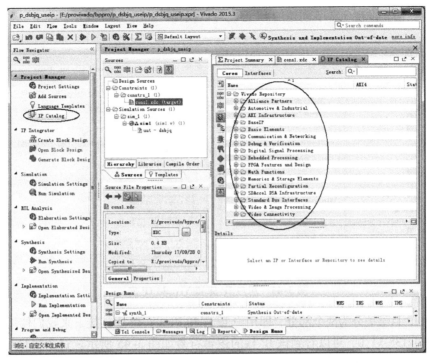

图 3-42　使用 74x138 和与非门实现多数表决

单击流程导航下工程项下的"工程设置（Project Settings）"项，在弹出的窗口（见图 3-43）中选择单击左侧的 IP 图标，然后单击"库管理（Repository Manager）"页框。在"库管理"页框中单击"＋"图标增加 IP 目录，在弹出的资源管理窗口中选择 p_74x138 工程目录即可。之后会得到图 3-43 的结果，该目录被加入。然后按"OK"按钮。

图 3-43　添加 74x138 的 IP 目录

回到主界面，发现 3.2 节创建的 IP 已经可以找到，如图 3-44 所示。

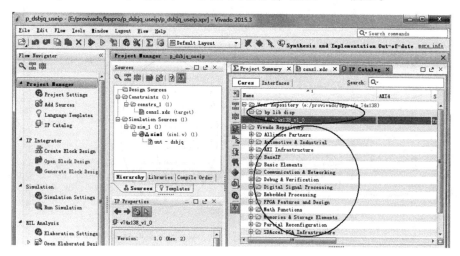

图 3-44 用户 IP 库和 Vivado IP 库

当前的 IP 目录被分为两个部分，即用户 IP 库和 Vivado IP 库。接下来我们使用 v74x138IP 核。双击 v74x138_vl_0，可以看到该 IP 核的逻辑符号如图 3-45 所示。这个窗口可以用来编辑原件的名称，查看 IP 的位置，直观地查看 IP 核的接口信息。

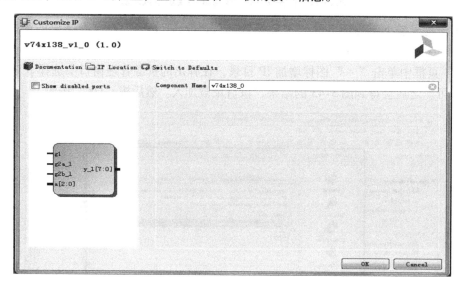

图 3-45 客户化 IP

在图 3-45 窗口单击"OK"按钮，弹出如图 3-46 所示窗口以实例化 IP。

单击"生成（Generate）"项，弹出带滚动条窗口表示正在生成。在最后弹出的窗口单击"OK"按钮完成生成步骤。v74x138_0. sci 及 v74x138_0. v 被添加到工程中，如图 3-47 所示。v74x138_0. v 文件是自动生成的并被加入到工程中，图 3-47 中可以看到该文件的代码。在工程中通过调用模块 v74x138_0 即可使用 3.2 节设计好的译码器。

新建一个 Verilog HDL 语言源文件 dsbjq_useip. v，代码如 [程序实例 3.7] 所示。

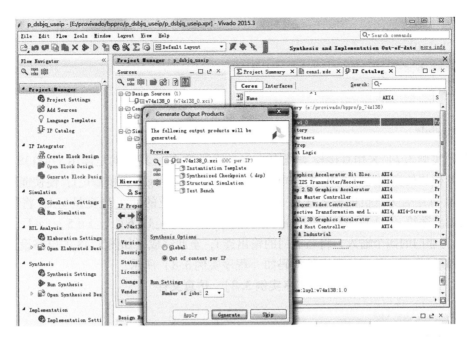

图 3-46 实例化 IP 窗口

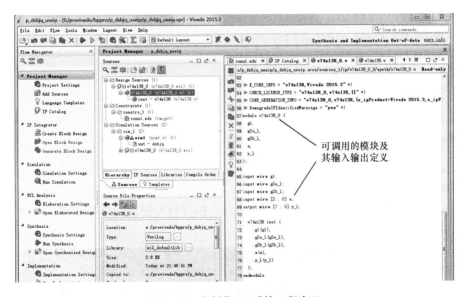

图 3-47 实例化 IP 后的工程窗口

[程序实例 3.7] 调用 IP 核的源文件 dsbjq_useip. v

```
module dsbjq_useip(input a,input b,input c,output f);
wire[7:0]y_l;
assign f = ~(y_l[7]&y_l[6]&y_l[5]&y_l[3]);
v74x138_0 uut_0
(.gl(1),
```

```
        .g2a_l(0),
        .g2b_l(0),
        .a({c,b,a}),
        .y_l(y_l)
    );
endmodule
```

[程序实例 3.7] 采用直接模块调用的方式调用 IP 核，其实就是调用 v74x138_0 模块。v74x138_0 模块的实例是 uut_0，将高电平 1 送到 g1，0 送到 g2a_l 和 g2b_l，使使能有效。然后将 c、b、a 组合为三位的输入送给 a [2：0]。定义 8 位的 wire 型变量 y_l，将模块实例 uut_0 的输出送给 y_l [7：0]。用 assign 语句将 y_l [7]、y_l [6]、y_l [5]、y_l [3] 连接到 4 输入与非门的四个输入，将与非门的输出连 f，至此完成了如图 3-48 的电路设计。

之后修改仿真文件，仿真文件代码如 [程序实例 3.8] 所示。

[**程序实例 3.8**]　**仿真文件**

```
timescale 1ns/1ps
module sim1;
    reg a,b,c;
    wire f;
    dsbjq_useip uut( a,b,c,f );                                【1】
    initial begin
            a =0;b =0;c =0;
    end
    always #10 {a,b,c} = {a,b,c} +1;
endmodule
```

仿真文件和 [程序实例 3.1] 的仿真文件只有调用的模块名不同（见【1】）。

接下来进行综合，可以综合成功。

综合成功后设置仿真，仿真文件应为 sim1. v。执行行为仿真，结果如图 3-48 所示。

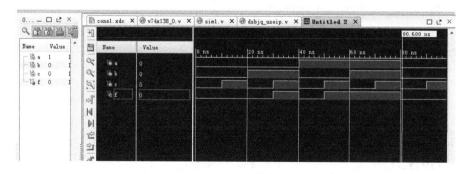

图 3-48　仿真结果

图 3-48 中 f 与 a、b、c 的关系与真值表描述一致，证明采用 IP 调用实现了同样的结果。下一步在约束文件无需修改的情况下，执行实现和比特流文件生成，下载到电路板，完成整

个过程。

请回答下面的问题：

第二个工程和第三工程分别实现了什么：_____

_____

我对 Verilog HDL 语言掌握的情况有哪些进展：_____

_____

_____

我对 IP 核的认识：_____

_____

_____

第 3 章总结：本章从"我的第一个工程"开始，第一个工程非常简单，直接使用组合逻辑 assign 语句实现 f = ab + bc + ac，这个简单逻辑构建多数表决器。第一个工程包含了使用 Vivado 进行开发的全过程。包括四个创建：工程的创建，到 Verilog HDL 语言文件的创建，仿真文件和约束文件的创建。按照流程实现了工程的综合、实现、仿真、比特流文件生成、下载。通过第一个工程可以使用 Verilog HDL 语言在 Vivado 下执行设计开发工作。

第二个工程是构建了三输入译码器。构建三输入译码器使用 case 语句即可，代码并不复杂，但是应掌握的是使用 always 块并不一定实现时序逻辑。实例中的译码器，就是使用了 always 块实现了组合逻辑。然后，从工程生成了 IP 核。

第三个工程还是实现多数表决器，但是这里的实现绕了一个圈子，就是使用第二个工程实现的 IP 核实现多数表决器，因为三输入的译码器和与非门相组合，可以实现任意一个三输入的逻辑函数，实际上这是一个学习怎么使用 IP 核的工程。

因此，通过本章的学习，读者应已可以使用 Vivado 和 Verilog HDL 进行初步的开发。下一章将进入时序逻辑部分。

习 题

1）通过"我的第一个工程"简述 Vivado 开发的全过程。

2）建立 Vivado 工程，编写 Verilog HDL 模块，实现 8 输入 3 输出优先编码器的设计，并进行仿真。若有电路板，需进行下载验证。

3）建立 Vivado 工程，编写 Verilog HDL 模块，实现多路选择器 74x151，并封装为 IP。

4）建立 Vivado 工程，使用自己设计的 74x151IP 核，完成逻辑函数 f = $\sum$ abcd（3，5，7，10，11，12，14），并进行仿真。如有电路板需进行下载验证。

5）设计实现 8421 码到 2421 码的转换器。

6）查找优先编码器资料，设置实现 74x148 优先编码器。

7）查找 4 位比较器 74HC85 的资料，设计实现 74x85 功能的 4 位比较器。

8）查找 4 位加法器器 74HC181 的资料，设计实现 74x181 功能的 4 位加法器。

第 4 章

时序逻辑电路FPGA实现

数字逻辑电路分为两大类，一类是组合逻辑电路，一类是时序逻辑电路。时序逻辑电路是具有记忆特性的，其输出不仅与当前的输入有关，而且还与当前的状态有关。

本章的内容源于数字电路时序部分的实践环节，从时钟同步状态机的设计开始。本章将结合实例，依次讲解时钟同步状态机的设计、计数器和移位寄存器计数器这些基本时序电路的设计。然后在 Vivado 下通过实践使用 FPGA 完成上述设计，实践部分将实现 10010 序列发生器，并分别用基本的时钟同步状态机设计方法、计数器加多路选择器的方法和移位寄存器计数器的方法来实现。

通过本章可以巩固数字电路的知识，进一步学习使用 Vivado 开发环境，提高 Verilog HDL 语言编程能力，为后续的综合设计打下基础。

4.1 时钟同步状态机的设计

在数字逻辑中，通常将时序电路的"状态（state）"存储于触发器（Flip-Flop）中，将一个触发器的输出称为一个"状态变量（state variable）"。很明显，一个 D 触发器可以存储 1 位二进制数，可以称为一个状态变量。数字逻辑电路中的状态是二进制值，对应着电路中某些逻辑信号，具有 n 位二进制状态变量的电路就有 2^n 种可能的状态。尽管这些状态可能是一个很大的数目，但总归是有限的，将这样的时序电路称为有限状态机（finite-state machine）。

大多数时序电路的有限状态机的状态变化所发生的时间有一个统一的时钟信号的指定边沿来激励，因此这样的有限状态机也称为时钟同步状态机（clocked synchronous state machine）。

本节的内容包括时钟同步状态机的设计基础，先给出一个时钟同步状态机的 FPGA 设计实例，然后在 Vivado 下进行开发实现，并进行仿真验证及下载到电路板。

4.1.1 时钟同步状态机及其设计流程

时钟同步状态机可以分为 Mealy 机和 Moore 机，基本结构如图 4-1 和图 4-2 所示。图 4-1 和图 4-2 中，都包含三个部分：由组合逻辑实现的下一状态逻辑 F，由时序逻辑实现的状态存储器，由组合逻辑实现的输出逻辑。

状态机的下一状态由构成状态存储器的各个触发器的激励（excitation）输入信号来确定，而激励信号是当前状态（current state）和外部输入（external input）的函数，称为下一状态逻辑（next-state logic）F。状态机的输出由输出逻辑（output logic）G 来确定，而 G 也是当前状态和外部输入的函数。

F 和 G 都是严格的组合逻辑电路。可以写为：

$$激励 = F（当前状态，输入）$$
$$输出 = G（当前状态，输入）$$

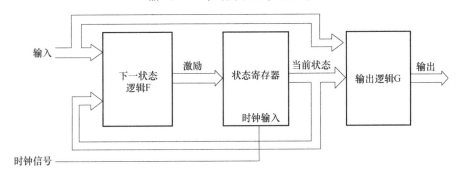

图 4-1　时钟同步状态机结构（Mealy 机）

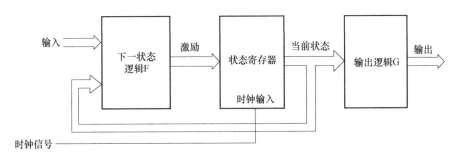

图 4-2　时钟同步状态机结构（Moore 机）

一个时钟同步状态机的输出同时取决于状态和外输入，称为 Mealy 机，如图 4-1 所示。在有些时序电路中，其输出只由状态决定，即：输出 = G（当前状态），这样的电路称为 Moore 机，它的一般结构形式如图 4-2 所示。

时序电路的设计就是已知命题，设计出完成该命题的电路。时钟同步状态机的设计过程大致可以分为以下几个步骤：

1）根据题目的逻辑要求，构造原始的状态图（state diagram）或构造原始的状态/输出表（state/output table）。这种逻辑要求通常是一段文字叙述，根据这些要求找出输入、输出和电路应具备的状态数目，然后构造满足这些要求的状态图，也可以直接构造状态表，并用助记符给状态命名。

2）状态化简（state minimization）。在第一步所得到的状态图中可能会有多余状态（有时也叫作冗余状态）。设计过程中去掉这些多余状态，可以简化电路。若两个电路状态在相同的输入下有相同的输出，并且转换到同样的一个状态上去，则称这两个状态为等价状态，等价状态可以合并。一般来说，电路的状态数越少，设计出来的电路也越简单。状态化简的目的就在于将等价状态合并，以求得最简的状态图。

3）进行状态分配（state assignment），建立状态转移/输出表（State transition/output table）。根据得到的最简状态图中所需的电路状态，确定触发器的个数。时序电路的状态由触发器（Flip-flop）的状态确定。若设计时序电路时需要 r 个状态，则触发器个数 k 与 r 之间的关系

为 $2^k \geq r$。

4）求出电路的状态方程（state equation）、激励方程（excitation equation）和输出方程（output equation）。得到这些方程后，电路就构建好了，剩下的工作就是用电路来实现。如果用 FPGA 实现，就是用 HDL 语言进行描述。

本节的命题是：使用时钟同步状态机的设计方法，实现 11001 序列发生器。

4.1.2 时钟同步状态机设计方法构建序列发生器

要构建序列发生器，最终应该得到如图 4-3 所示的元件。

这个元件的输入是时钟 CLK，并没有其他的输入。输出是 Y，在时钟的作用下，均匀地输出 11001，并且每一位的时间长度应等于时钟周期或时钟周期的整数倍。

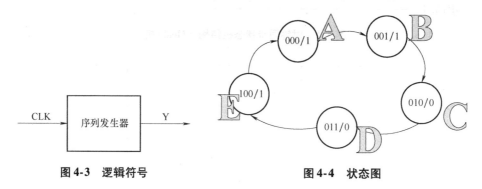

图 4-3　逻辑符号　　　　　　　　图 4-4　状态图

设计流程为：

（1）画出如图 4-4 所示的状态图。简单地进行设计，在 A 态输出 1，B 态输出 1，C 态输出 0，D 态输出 0，E 态输出 1。当时钟边沿到来的时候，执行状态转换，转换如图 4-4 所示。使用二进制的顺序对 4 个状态进行编码，从 000 到 100 共 5 个状态。

（2）根据状态图画出状态转移表 4-1。

表 4-1　状态转移表

Q0Q1Q2	Q0*Q1*Q2*	Z
000	001	1
001	010	1
010	011	0
011	100	0
100	000	1

（3）根据状态转移表画卡诺图求解。（未使用的状态用无关项表示）

Q2/Q0Q1	00	01	11	10
0	001/1	011/0	ddd/d	000/1
1	010/1	100/0	ddd/d	ddd/d

图 4-5　Q0*Q1*Q2*/Z 卡诺图

根据卡诺图可以得到转移方程和输出方程：

转移方程：

$$Q0^* = Q1Q2$$
$$Q1^* = Q1'Q2 + Q1Q2'$$
$$Q2^* = Q0'Q2'$$

输出方程：

$$Z = Q1'$$

（4）判断自启动（使用 FPGA 设计的时候可以给出初始态，这可以省略）

未用状态 $101 \to 010$，$110 \to 010$，$111 \to 100$，因此可以自启动。

（5）使用 D 触发器，写出激励方程：

$$D0 = Q0^* = Q1Q2$$
$$D1 = Q1^* = Q1'Q2 + Q1Q2'$$
$$D2 = Q2^* = Q0'Q2'$$

（6）实际上电路的设计已经完成，使用 D 触发器和逻辑门设计的时候，根据激励方程和输出方程，构建电路，电路如图 4-6 所示。该电路采用 MultiSim 软件绘制，采用信号源 XFG1 产生方波，使用逻辑分析仪 XLA1 查看波形。

使用 FPGA 进行设计的时候，我们需要新建一个 Vivado 工程，然后编写代码实现。新建工程 p_seq_11001_1，按第 3 章"我的第一个工程"步骤设置工程属性，新建 Verilog HDL 代码 seq_11001_1.v，代码如［程序实例 4.1］所示。

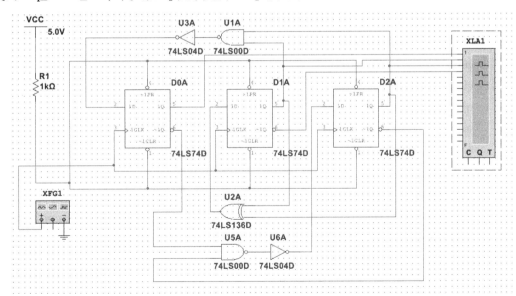

图 4-6 使用 D 触发器和逻辑门实现的电路（用 MultiSim 绘制）

［**程序实例 4.1**］ **seq_11001_1.v 代码**

```
module seq_11001_1(
    input clk,
```

```
    output led
    );
    reg[31:0]divclk_cnt = 0;                          【1】
    reg divclk = 0;
    reg q0 = 0;                                        【2】
    reg q1 = 0;
    reg q2 = 0;
    always@ (posedge clk)                              【3】
    begin
        if(divclk_cnt == 250000000)
        begin
            divclk = ~ divclk;
            divclk_cnt = 0;
        end
        else
        begin
            divclk_cnt = divclk_cnt + 1'b1;
        end
    end
    assign led = ~ q1;                                 【4】
    always@ (posedge divclk)                           【5】
    begin
        q0 < = q1&q2;
        q1 < = ~ q1&q2|q1& ~ q2;
        q2 < = ~ q0& ~ q2;
    end
  endmodule
```

在［程序实例 4.1］中，模块 seq_11001_1 的输入是 clk，这个 clk 必须连接 FPGA 的时钟源，而电路板上 FPGA 的时钟源是由晶振发出的时钟，频率是 50MHz，送到 FPGA 的 D4 引脚，因此在后面的约束文件中应该配置到 D4 引脚。序列发生器的输出在这里命名为 led，在约束的时候约束到一个与发光 LED 相连接的引脚即可。

因为 50MHz 的频率产生的序列人眼是无法观察的，只能看到 LED 一直亮，因此需要降低频率。为了降低频率，定义了初始值为 0 的 32 位的寄存器变量 divclk_cnt（见【1】），以及 1 位的寄存器变量 divclk。

定义了 1 位的寄存器变量 q0、q1、q2 作为时钟同步状态机的状态寄存器（见【2】），初始值为 q0q1q2 = 000。

现在需要先掌握时钟分频部分（见【3】），always@（posedge clk）表示当 clk 的时钟正边沿到来的时候执行 always 块内的操作，因此 always@（posedge clk）的 begin 和 end 之间的代码，执行的频率就是 50MHz，每 0.02μs（20ns）执行一次。将寄存器变量 divclk_cnt 每 0.02μs 加 1，直到加到 250000000（25M），将其清 0，将寄存器变量 divclk 翻转。divclk 翻转 2 次完成 divclk 信号的一个周期，因此需要 50M 个周期完成 divclk 的一个周期。divclk 是 clk 的 50M 分频，即频率为 1Hz，周期为 1s。输出信号每秒变化一次，肉眼就可以观察到。

输出方程为 $Z = Q1'$，程序代码中用了小 q，对 wire 型变量的赋值使用 assign 语句，因此 assign led = ~q1（见【4】）。

接下来就是转移方程。always@（posedge divclk）（见【5】）代码在每秒触发一次，当时钟到来的时候，触发器 q0、q1、q2 在时钟上升沿同时接受激励，完成状态的变化，没有先后顺序，因此一定采用非阻塞赋值。always@（posedge divclk）块后的 begin 和 end 之间的代码就实现了状态的转移，和转移方程一致。

对工程综合无误后，新建仿真文件 sim1.v。仿真文件代码如［程序实例 4.2］所示。

［**程序实例 4.2**］　**11001 序列发生器仿真代码**

```
'timescale 1us/1ps
module sim1;
    reg clk;
    wire led;
    seq_10010_1 uut(
            clk,led
    );
    initial begin
        clk = 0;
    end
    always #10 clk = ~ clk;
endmodule
```

确保仿真代码无误，执行仿真， 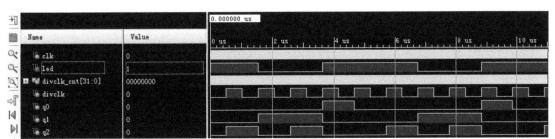 菜单下面的快捷按钮栏上默认的时间是 1μs。1μs 的时间无法查看到任何的结果。将时间更改为 10s，应可以看到 2 次 11001 的波形，但是仿真时间太长无法等待。因此可以修改源代码再进行仿真，当下载到电路板时再恢复。图 4-7 为 11001 序列发生器行为仿真。

在［程序实例 4.1］中，将 250000000 修改为 25，即对时钟进行 50 分频，divclk 时钟为 1MHz，修改仿真时间为 10μs。

图 4-7　时钟同步状态机设计的 11001 序列发生器行为仿真

初始状态是 000，输出 led = 1。

当第一个时钟 divclk 上升沿到来，q0q1q2 = 001，输出 led = 1。

当第二个时钟 divclk 上升沿到来，q0q1q2 = 010，输出 led = 0。

当第三个时钟 divclk 上升沿到来，q0q1q2 = 011，输出 led = 0。

当第四个时钟 divclk 上升沿到来，q0q1q2 = 100，输出 led = 1。

当第五个时钟 divclk 上升沿到来，q0q1q2 = 000，输出 led = 1，进入了下一次循环。与图 4-4 一致。

仿真正确后，添加约束文件，实现和生成比特流文件，下载到电路板，观察 LED 的变化。

使用数字电路的设计方法实现时钟同步状态机，在上述的方法中仍需要使用卡诺图化简逻辑函数，得到转移方法和输出方程，然后使用 Verilog HDL 语言实现。另外，通过状态图就可以直接进行编程，4.1.3 节就给出了这种方法。

4.1.3　状态图直接描述法实现序列发生器

根据图 4-4 的状态图，直接编写代码就可以实现 11001 序列发生器，将状态转移直接写在 Verilog HDL 代码中，如程序实例 4.3 所示。

[**程序实例 4.3**]　**直接根据状态图实现 11001 序列发生器代码**

```
module seq_11001_2(input clk, output led);
    reg led;                                    【1】
    reg[31:0]divclk_cnt = 0;
    reg divclk = 0;
    reg[2:0]state = state_A;                     【2】
    parameter                                    【3】
state_A = 3'b000, state_B = 3'b001, state_C = 3'b010, state_D = 3'B011, state_E = 3'B100;
    always@(posedge clk)                         【4】
    begin
        if(divclk_cnt == 25)//250000000)
        begin
            divclk  = ~ divclk;
            divclk_cnt = 0;
        end
        else
        begin
            divclk_cnt = divclk_cnt + 1'b1;
        end
    end
    always@(posedge divclk)                      【5】
    begin
```

```
                    case(state)                                 【6】
                    state_A:
                    begin
                        state < = state_B;
                        led < =1;
                    end
                    state_B:
                    begin
                        state < = state_C;
                        led < =0;
                    end
                    state_C:
                    begin
                        state < = state_D;
                        led < =0;
                    end
                    state_D:
                    begin
                        state < = state_E;
                        led < =1;
                    end
                    state_E:
                    begin
                        state < = state_A;
                        led < =1;
                    end
                    default:                                     【7】
                    begin
                        state < = state_A;
                        led < =1;
                    end
                    endcase
                end
        endmodule
```

在模块 seq_11001_2 中，时钟 clk 为整个系统的输入，1 位的 led 为整个系统的输出，与模块 seq_11001_2 完全相同。

定义寄存器变量 led，因为与输出同名，隐含将寄存器 led 的输出送输出端口 led，见代码【1】。如果定义为 reg led1，那么必须加一句 assign led = led1。这里之所以定义寄存器

led，是因为要在 always 块中对寄存器型变量 led 赋值，寄存器的值改变了，那么输出端口 led 的值也就改变了。否则，不允许在 always 块中对 wire 型变量赋值。

原来的 q0q1q2 在这里变成了 3 位的寄存器变量 state，代码【2】中还对 state 进行了初始化，初始化的值是 state_A。

代码【3】使用了 parameter 定义了几个常量，这就如同 C 语言的 define 语句，常量 state_A 的值是 3'b000。这样做是非常有好处的，一是当外部调用本模块的时候，可以在调用的时候（模块实例化的时候）修改这些常量，使每个实例有不同的参数。另外，如果修改代码的时候，例如从 1 加到 10000 改为从 1 加到 999，不需要将所有的 10000 都修改为 999，而是只修改 parameter 定义就可以了，这和 C 语言使用 define 是一样的。第三个好处就是代码可读性增强。

代码【4】仍然是对时钟进行分频。

代码【5】仍然是在分频后的时钟 divclk 的上升沿执行操作，但是这里的 begin 和 end 之间的内容是根据当前的状态决定下一状态和输出，实现的是图 4-4 的状态转移图。没有使用转移方程、输出方程，而是根据状态转移图直接实现，因此代码与［程序实例 4.1］的代码是不同的。

代码【6】的 case 语句表达了这样的意思，state 是当前的状态，如果当前的状态是 state_A，那么既然时钟来了，就应该转移为状态 state_B，在状态 state_B 应该输出 1。如果当前的状态是 state_B，那么下一状态就应该是 state_C，在状态 state_C 应该输出 0……如果当前的状态是 state_E，那么下一状态就应该是 state_A，在状态 state_A 应该输出 1。

代码【7】表示如果当前的状态不属于以上的状态，尽管这是不应该的，也让状态回到 state_A。

于是，这样就通过 Verilog HDL 语言描述了状态机，不需要再去求转移方程和输出方程了。但是这也有缺点，这里没有求输出方程，就多用了一个寄存器存储了输出 led 的值。

程序中 250000000 被 25 代替了，这是为了能够迅速完成仿真，当下载到硬件的时候应使用 250000000 才能观察到效果。

仿真代码和［程序实例 4.2］完全一致，仿真的时候需注意，在开始的时候只有输入和输出接口信号被加入，如图 4-8 所示。

图 4-8　行为仿真初始的界面

点击我们要仿真的原模块，uut 是实例名，seq_11001_2 是原模块名，可以选择模块中的变量加入到图 4-8 中间的对象（Objects）窗口，然后就可以选择加入波形窗口观察其波形。另外在波形窗口中，按 ZOOM FIT 快速图形按钮可以将波形缩放到整个波形显示窗口，查看仿真全图。如图 4-9 所示。

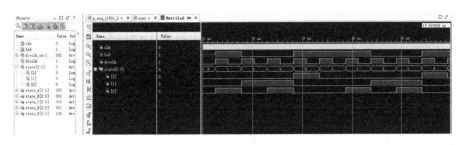

图4-9　添加观察变量后执行仿真

观察仿真波形，可见在稳定后输出是规则的 11001 序列，但是在最开始 led 的值是不定的，这是因为代码中没有对 led 赋予初值，因此应修改 [程序实例4.3]，将 reg led 改为 reg led = 0 即可解决这一问题。将程序代码修改以适合下载到电路板，可实现和生成比特流文件，下载到电路板后可观察到 led 规则地亮灭，稳定后亮 3s 灭 2s。

在实现之后，可以查看一下时序电路的实际结果。因为分频部分比较复杂，用了 32 位的触发器，因此建议将该代码去掉，直接使用 clk 信号驱动状态机。选中分频部分的代码，按 CTRL + / 就可以将该段全部注释掉，另一种方法是单击鼠标右键，在弹出菜单上选择操作。

之后将 always@（posedge divclk）改为 always@（posedge clk）。在代码 reg divclk = 0 前加 "//"，在代码 reg [31：0] divclk_cnt = 0 之前加 "//"，相当于去掉这两行代码。然后重新执行 RTL 分析。

图 4-10 所示为分析结果电路图，实际上 RTL_ROM 实现了组合逻辑功能，对三个寄存器 state_reg [2：0] 给予激励，如果修改代码，使用 assign led = ~ state [1]；不定义 reg led，就不会出现 led_reg。那么图 4-10 就可以清晰地分辨时钟同步状态机的三个部分。

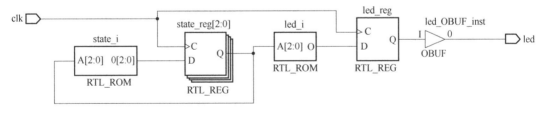

图4-10　RTL 分析结果

请回答下面的问题：

时序逻辑和组合逻辑的区别是：＿＿＿＿＿＿＿＿＿＿＿＿＿＿＿＿＿＿＿＿＿＿

＿＿＿＿＿＿＿＿＿＿＿＿＿＿＿＿＿＿＿＿＿＿＿＿＿＿＿＿＿＿＿＿＿＿＿＿

对时钟进行分频代码是如何实现的：＿＿＿＿＿＿＿＿＿＿＿＿＿＿＿＿＿＿

＿＿＿＿＿＿＿＿＿＿＿＿＿＿＿＿＿＿＿＿＿＿＿＿＿＿＿＿＿＿＿＿＿＿＿＿

＿＿＿＿＿＿＿＿＿＿＿＿＿＿＿＿＿＿＿＿＿＿＿＿＿＿＿＿＿＿＿＿＿＿＿＿

＿＿＿＿＿＿＿＿＿＿＿＿＿＿＿＿＿＿＿＿＿＿＿＿＿＿＿＿＿＿＿＿＿＿＿＿

为什么［程序实例4.1］和［程序实例4.3］中使用非阻塞赋值：_____

这一节巩固了时钟同步状态机及其设计，完成了两个 Vivado 实验，下一节进入计数器部分。

4.2　同步计数器 74x163 的实现

最常用的一种 MSI 计数器是图 4-11 所示的 4 位二进码同步加法计数器 74x163。74x163 的功能如表 4-2 所示它具有低电平有效（Active-Low）的清零输入端 CLR-L 和置数输入端 LD_L，高电平有效（Active-High）的使能输入信号 ENT 和 ENP。

从功能表可以看出，CLR_L 输入端的优先级最高，只要它有效，74x163 在时钟上升沿直接清零；只有 CLR_L 无效时，而 LD_L 有效才能实现置数功能。当 CLR_L 和 LD_L 均无效时，可由 ENP 和 ENT 对 74x163 进行使能，RCO 为进位输出，当 QD、QC、QB、QA 的值均为 1 且使能端 ENT 有效时，RCO = 1。

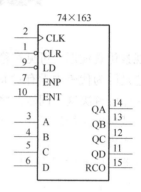

图 4-11　74x163 的逻辑符号

表 4-2　4 位二进制计数器 74x163 功能表

CLK	CLR_L	LD_L	ENP	ENT	工作状态
↑	0	×	×	×	同步清零
↑	1	0	×	×	同步置数
×	1	1	0	×	保持
×	1	1	×	0	保持，RCO = 0
↑	1	1	1	1	计数

74x163 经常工作于使能输入（Enable inputs）信号始终有效的自由运行模式。图 4-12 给出了使 74x163 工作于这种模式的接线方法。

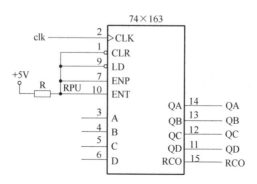

图 4-12　74x163 工作于自由运行模式

在自由运行模式时，QDQCQBQA 输出在每个时钟边沿变化，从 0000 开始计数，0000—0001—0010…1111—0000…及完成从 0~15 的计数，当计数值为 15 时，RCO 有效输出 1。

在 Vivado 中新建工程 p_74x163，新建 Verilog HDL 文件 p74x163. v 如 [程序实例 4.4] 所示。

[程序实例 4.4]　p74x163. v 代码

```
module p74x163(clk,clr_l,ld_l,enp,ent,d,q,rco);
input clk,clr_l,ld_l,enp,ent;
input[3:0]d;
output[3:0]q;
output rco;
reg[3:0]q =0;
reg rco =0;
always @ (posedge clk)【1】
begin
    if(clr_l==0)q < =0;
    else if(ld_l==0)q < =d;
    else if((enp==1)&&(ent==1))q < =q +1;
    else q < =q;
end
always @ (q or ent)【2】
begin
    if((ent==1)&&(q==15))rco =1;
    else rco =0;
end
```

[程序实例 4.4] 描述了 74x163 的功能，第一个 always 块（见【1】）使用 if 语句描述了在时钟的驱动下，只要清零有效，执行清零。如果置数有效，执行装载。如果使能有效，则计数，将 q 加 1，使能无效将 q 保持。

第二个 always 块（见【2】）描述了 rco 的输出设置，当 ent 有效并且计数值为 1111 的时候，rco 为 1，否则 roc 为 0。

代码保存后执行综合，如果综合成功，编写仿真文件如 [程序实例 4.5] 所示。

[程序实例 4.5]　仿真代码

```
'timescale 1ns/1ps
module sim1;
    reg clk =0;
    reg clr_l =1;
    reg ld_l =1;
    reg enp =1;
```

```
            reg ent = 1;
            reg[3:0]d = 0;
            reg[3:0]q = 0;
        wire rco;
        p74x163 uut(clk,clr_l,ld_l,enp,ent,d,q,rco);
        always # 10 clk = ~ clk;
    endmodule
```

设置仿真，执行仿真，如果仿真失败，会提示：

ERROR:[USF-XSim-62]'elaborate' step failed with error(s). Please check the Tcl console output or 'E:/proVivado/bppro/p_74x163/p_74x163. sim/sim_1/behav/elaborate. log' file for more information.

查看 elaborate. log 文件，文件内容为：

Vivado Simulator 2015. 3

Copyright 1986-1999,2001-2015 Xilinx,Inc. All Rights Reserved.

Running:D:/xilinx/Vivado/2015. 3/bin/unwrapped/win64. o/xelab. exe-wto bac9eefe3b0f4 d5599d8113dcd71e272--debug typical--relax--mt 2-L xil_defaultlib-L unisims_ver-L unimacro_ ver-L secureip--snapshot sim1_behav xil_defaultlib. sim1 xil_defaultlib. glbl-log elaborate. log

Using 2 slave threads.

Starting static elaboration

ERROR:[VRFC 10-529]concurrent assignment to a non-net q is not permitted [E:/proVivado/bppro/p_74x163/p_74x163. srcs/sim_1/new/sim1. v:11]

ERROR:[XSIM 43-3322]Static elaboration of top level Verilog design unit(s) in library work failed.

sim1. v 的第 11 行有误，对非网络型变量 q 的连续赋值有误。因此修改 [程序实例 4.5] 的仿真代码，将 reg [3：0] q = 0；修改为 wire [3：0] q;。

提示：仿真错误非常常见，但不像综合错误可以直接在消息窗口查看错误信息，可以根据提示打开仿真目录下的 elaborate. log 文件查看错误信息。在修改仿真文件后要立刻保存，然后再重新仿真。

保存整个工程后，重新进行仿真，结果如图 4-13 所示。

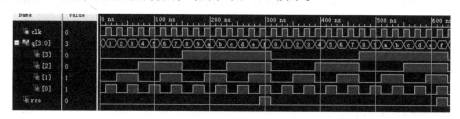

图4-13　74x163 工作于自由运行模式的仿真结果

从仿真结果可见，整个工程工作符合对 74x163 的要求，在时钟的上升沿，触发器的状态发生变化，计数值递增，当计数值为 1111 时 rco 有效。读者可以修改仿真代码，测试清零和装载功能。

之后可以按 3.2 节的步骤将整个工程封装为 IP，在其他工程中可以简单地使用封装好的 74x163 器件。

> **课程设计：**
>
> （1）封装了 74x163 后，可以再做 74x151 的 IP 核，然后建一个工程，使用 74x163 和 74x151 实现 11001 序列发生器。请对工程进行仿真并使用 FPGA 电路板验证。
>
> （2）使用置数法或清零法实现模 11 计数器。请对工程进行仿真并使用 FPGA 电路板验证。
>
> 课程设计的参考文献见本书参考文献 [16]、[17]。

4.3　移位寄存器的实现和应用

共用一个时钟输入信号的多个触发器组合在一起就称为寄存器。寄存器通常用于存储一组二进制代码，广泛地用于各类数字系统和数字计算机中，例如 ARM CPU 中有多个 32 位寄存器。移位寄存器（shift registers）除了具有存储代码的功能之外，还具有移位功能，寄存器里存储的代码能在移位脉冲的作用下依次左移（left shift）或右移（right shift）。

移位寄存器除了可以实现存储、移位功能外，如果加上组合逻辑的反馈环节，还可以实现序列输出和检测等功能，而且因为是移位，所以没有毛刺。

本节要实现的移位寄存器是 74x194，然后在应用环节使用自己设计的 74x194 IP 核实现 11011 序列发生器。

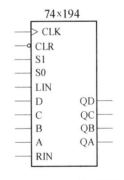

图 4-14　74x194 的逻辑符号

4.3.1　74x194 的实现

图 4-14 所示为 74x194 的逻辑符号，表 4-3 所示为 74x194 的功能表。移位寄存器 74x194 在输入 S1S0 的作用下，实现保持、左移、右移和装载功能。另外，还可清零。

表 4-3　74x194 功能表

功　能	输　入		下一状态			
	S1	S0	QA*	QB*	QC*	QD*
保持	0	0	QA	QB	QC	QD
右移	0	1	RIN	QA	QB	QC
左移	1	0	QB	QC	QD	LIN
载入	1	1	A	B	C	D

新建工程 p_74x194，新建文件 p74x194.v 代码如［程序实例 4.6］所示。

[程序实例 4.6] p74x194.v 代码

```
module p_74x194( clk,clr_l,rin,lin,s,d,q );
input clk,clr_l,rin,lin;
input[1:0]s;
input[3:0]d;
output[3:0]q;
reg[3:0]q;
always @ ( posedge clk or negedge clr_l)
        if( clr_l==0)q < =0;
        else case(s)
            0:q < =q;   //保持
            1:q < ={rin,q[3:1]};//右移
            2:q < ={q[2:0],lin};//左移
            3:q < =d;   //装载
            default q < =8'bx ;
    endcase
endmodule
```

接口中，q[3：0] 对应 4 位的输出端口，q[3] 相当于图 4-14 所示 74x194 的 QA，q[2] 相当于输出 QB，q[1] 相当于输出 QC，q[0] 相当于输出 QD，如图 4-15 所示。图 4-15 还表示了左移的移位方向。

clr 信号直接执行清零，因此这个清零是设置为异步清零。在代码中的 always 块的内容是 always @ （posedge clk or negedge clr_l），表示当时钟上升沿或 clr_l 下降沿都要执行块中的代码。先判断 clr_l 是否为零，若为 0，则只执行清零操作；若不是 0，则之后的 case 语句根据输入的值执行保持、右移、左移或装载操作。s 是 2 位二进制数，只有 0~3 四种取值，case 语句的 default 部分表示如果 s 为其他值时可以设置 q 为任意的值。

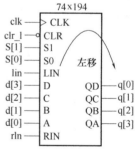

图 4-15 模块接口与 74x194 对应关系

当 s =0 时，保持，将 q 触发器的输出送回。

当 s =1 右移时，将 rin 赋给 q[3]（QA），而 q[2] 的值等于 q[3] 的旧值，q[1] 的值等于 q[2] 的旧值，q[0] 的值等于 q[1] 的旧值，在时钟上升沿到来时赋值同时进行，完成了右移。采用位拼接运算符 {} 完成了上述赋值。

当 s =2 左移时，将 lin 赋给 q[0]（QD），而 q[1] 的值等于 q[0] 的旧值，q[2] 的值等于 q[1] 的旧值，q[3] 的值等于 q[2] 的旧值，在时钟上升沿到来时赋值同时进行，完成了左移。采用位拼接运算符 {} 完成了上述赋值。

当 s =3 时，执行装载，将 d 赋值给 q。

将工程综合无误，编写仿真文件，仿真代码如 [程序实例 4.7] 所示。

[程序实例 4.7]　74x194 移位寄存器仿真代码

```
'timescale 1us/1ps
module sim1;
    reg clk =0;
    reg clr_l =1;
    reg[1:0]s =3;//3 装载
    reg rin =0;
    reg lin =1;
    reg[3:0]d =4'b0101;
    wire[3:0]q;
p_74x194 uut(clk,clr_l,rin,lin,s,d,q);
initial begin
  #10   //延迟 10ns
  clk =0;
    #10
    clk =1;//第 1 个时钟上升沿,执行装载 0101(5)
    #10
  clk =0;
  s =2'b10;//2 左移
    #10
  clk =1;//第 2 个时钟上升沿,执行左移,左移后应为 q =4'b1011 =4'hb
    #10
  clk =0;
  #10
  clk =1;//第 3 个时钟上升沿,执行左移,左移后应为 q =4'b0111 ='4h7
    #10
  clk =0;
  #10
  clk =1;//第 4 个时钟上升沿,执行左移,左移后应为 q =4'b1111 =4'hf
    #10
  clk =0;
  s =2'b01;//1 右移
  end;
  always # 10 clk =~clk;   //一直右移   依次应为 0111(7)-0011(3)-0001(1)-0000(0)...
endmodule
```

根据仿真代码,在第一个时钟上升沿执行装载,q =4'b0101 =4'h5,然后 20ns 后左移,左移进来的是 lin =1,因此左移的结果是 q =4'b1011 =4'hb,接下来是 4h7、4hf。然后设置 s =01,在随后的时钟有效边沿执行右移,右移进来的是 rin =0,因此右移后依次为 7、

3、1、0⋯仿真结果如图 4-16 所示。

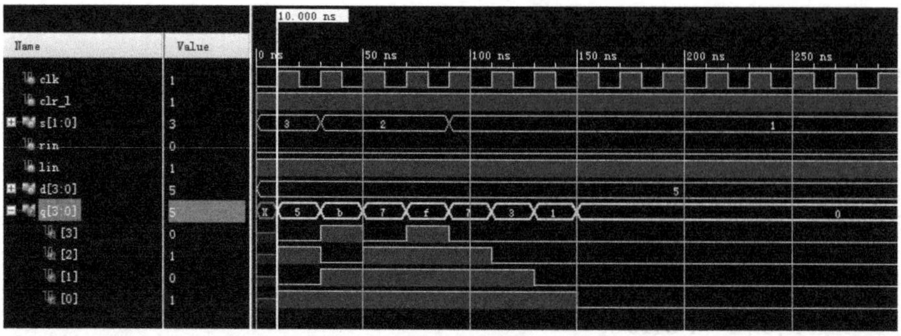

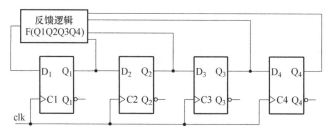

图 4-16　74x194 仿真结果

在第一个时钟之前，q 的值是未知的，为 X。在 10ns 时钟上升沿到来时，执行装载，因此 q=5。之后和预期的 q 的值依次为十六进制的 5、b、7、f、7、3、1、0、0、0、0⋯仿真成功证明移位寄存器设计成功。

之后可以按 3.2 节的步骤将该工程封装为 IP 核。

4.3.2　使用 74x194 IP 核实现 11001 序列发生器

移位寄存器除了可以实现存储、移位工程，还可以实现诸如序列发生器、序列检测器等功能，而使用移位寄存器设计的序列发生器具有电路相对简单，没有毛刺等优点。前面使用时钟同步状态机设计方法设计的 11001 序列发生器，从 011 状态到 100 状态，中间的转换过程中，各种状态都会存在，会产生毛刺。而移位寄存器采用移位的方式，不存在毛刺。

由图 4-17 所示，4 位移位寄存器由 4 个 D 触发器组成，才有右移方式，D1 = F(Q1Q2Q3Q4)，通过设计函数 F 就可以实现序列发生器。

图 4-17　移位寄存器产生逻辑功能原理

使用移位寄存器设计 11001 序列发生器，首先仍需要构建转移输出表，如表 4-4 所示。

表 4-4 中的第二行，初始状态 Q2Q1Q0 = 110，因为设计 11001 序列发生器，采用左移方式，所以应移入一个 0，下一状态为 100，D0 应为 0。

依次类推，在最后一行 111 状态，移入 0，又回到 110 状态。从表 4-4 的每一列来看，都是输出了 11001 序列。对于未使用的三种状态 000、010、101，输出先写为无关项 d。

表 4-4　转移输出表

Q2Q1Q0			D0
1	1	0	0
1	0	0	1

（续）

Q2	Q1	Q0	D0
0	0	1	1
0	1	1	1
1	1	1	1
0	0	0	d
0	1	0	d
1	0	1	d

画出卡诺图，得到逻辑函数：

$$D0 = Q2' + Q1'$$

根据该逻辑函数，当状态为 000 时，D0 = 1，移位后状态为 001。同理 010→101，101→011。这三种状态都可以回到正常状态，因此该系统可以自启动。

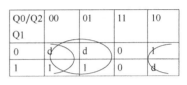

图 4-18　对应卡诺图

设计完成后，新建 Vivado 工程 p_seq_11001_3。

现在按 3.3 节的步骤添加 p_74x194IP 核工程。单击流程导航下工程项下的工程设置（project settings），在弹出的窗口（见图 3-40）中选择单击左侧的 IP 图标，然后单击库管理（repository manager）页框。在库管理页框中单击 " + " 图标增加 IP 目录，在弹出的资源管理窗口中选择 p_74x194 工程目录。按 "OK" 按钮并在弹出窗口中单击 "Generate" 按钮后，在生成 IP 核调用代码后单击 "确认" 按钮，IP 被加入到工程中。加入 p_74x194 后的窗口和 IP 代码如图 4-19 所示。

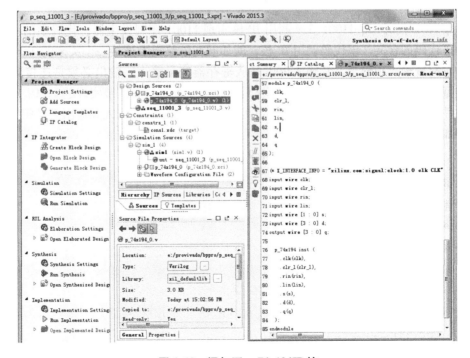

图 4-19　添加了 p_74x194IP 核

之后，新建顶层 Verilog HDL 文件 seq_11001_3. v。

[程序实例4.8] 调用 IP 核实现 11001 序列发生器 seq_11001_3. v 代码

```
module seq_11001_3(
    input clk,
    output led
    );
    wire lin;
    reg[1:0]s = 2'b10;//2 左移
    wire[3:0]q;
    assign lin = ~q[2]|~q[1];//反馈函数 lin = q2' + q1'
    assign led = lin;//可以将 q[n]送到输出,也可实现 11001 序列
    p_74x194_0 uut(   //调用 IP 核
        .clk(clk),
        .clr_l(1),      //清零端无效
        .rin(0),       //74x194 rin 接地
        .lin(lin),      //左移输入端等于 q2' + q1'
        .s(s),         //左移方式,s = 2'b10
        .d(0),         //数据输入端可以接任意值
        .q(q)          //输出送 q
        );
endmodule
```

Verilog HDL 代码 seq_11001_3. v 调用 IP 核实现 11001 序列发生器，代码中的注释部分明确说明了代码的含义。该代码调用 IP 核，就如同在电路板上连接一个买来的 74x194 芯片一样，为它配置输入和输出。其输入可以是从寄存器变量输入，输出必须是连接到 wire 型或其他类型的网表型变量。之后编写仿真文件，而仿真文件和 4.1 节实现的 11001 序列发生器仿真文件除了调用的模块名不同之外，其他都是相同的，因为输入和输出都是相同的，所以只需要加时钟激励即可。

[程序实例4.9] 编写仿真文件

```
module sim1;
    reg clk;
    wire led;
    seq_11001_3 uut(
        clk,led
        );
    initial begin
        clk = 0;
    end
```

```
    always #10 clk = ~ clk;
  endmodule
```

确保仿真代码无误后，执行仿真。因为没有进行分频，因此仿真结果很容易查看，可以立刻得到仿真结果，如图 4-20 所示。

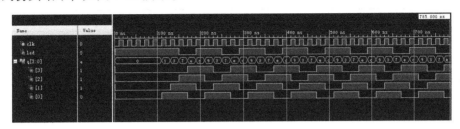

图 4-20　仿真结果

从仿真结果看，经过了 6 个时钟周期后，11001 序列发生器自启动成功，开始输出 11001 并循环往复。从仿真结果可以看出，从 IP 核 74x194 的任何一个输出管脚输出的波形都是 11001 序列。

将这个工程生成比特流文件后下载到电路板，是看不到结果的，因为时钟太快了，频率是 50MHz，人眼只能看到 LED 一直是亮的。

因此要让人眼能够分辨，需要增加时钟分频部分。

课程设计：
　　在现有工程 p_seq_11001_3 的基础上，增加时钟分频部分，实现 11001 序列发生器的移位时钟频率 1Hz。完成后生成比特流文件，下载到电路板进行验证。

请回答下面的问题：

简述时序逻辑电路：＿＿＿＿＿＿＿＿＿＿＿＿＿＿＿＿＿＿＿＿＿＿
＿＿＿＿＿＿＿＿＿＿＿＿＿＿＿＿＿＿＿＿＿＿＿＿＿＿＿＿＿＿＿＿
＿＿＿＿＿＿＿＿＿＿＿＿＿＿＿＿＿＿＿＿＿＿＿＿＿＿＿＿＿＿＿＿
＿＿＿＿＿＿＿＿＿＿＿＿＿＿＿＿＿＿＿＿＿＿＿＿＿＿＿＿＿＿＿＿

简述三种序列发生器的设计：＿＿＿＿＿＿＿＿＿＿＿＿＿＿＿＿＿＿＿
＿＿＿＿＿＿＿＿＿＿＿＿＿＿＿＿＿＿＿＿＿＿＿＿＿＿＿＿＿＿＿＿
＿＿＿＿＿＿＿＿＿＿＿＿＿＿＿＿＿＿＿＿＿＿＿＿＿＿＿＿＿＿＿＿
＿＿＿＿＿＿＿＿＿＿＿＿＿＿＿＿＿＿＿＿＿＿＿＿＿＿＿＿＿＿＿＿
＿＿＿＿＿＿＿＿＿＿＿＿＿＿＿＿＿＿＿＿＿＿＿＿＿＿＿＿＿＿＿＿
＿＿＿＿＿＿＿＿＿＿＿＿＿＿＿＿＿＿＿＿＿＿＿＿＿＿＿＿＿＿＿＿

我对 Verilog HDL 语言掌握的情况有哪些进展：_____

_____

_____

我对 Vivado 的掌握有哪些提高：_____

_____

_____

_____

如果设计一个电子秒表，我需要做哪些准备工作：_____

_____

_____

_____

下一章将进入综合实践部分。

习 题

1）编写代码实现 BCD 译码器 74x160 并进行仿真测试，并简述封装为 IP 核的过程。建议从网上下载 74HC160 的相关资料。

2）构建 74x163 IP 核和 Vivado 工程，使用 74x163 IP 核实现模 5 计数器，并进行仿真。若有电路板，需进行下载验证。

3）构建 74x163 IP 核和 Vivado 工程，使用 74x163 IP 核实现模 115 计数器，并进行仿真。若有电路板，需进行下载验证。

4）构建 74x194 IP 核和 Vivado 工程，使用 74x194 IP 核实现模 110101 序列发生器，并进行仿真。若有电路板，需进行下载验证。

5）构建 74x194 IP 核和 Vivado 工程，使用 74x194 IP 核实现模 1101 序列检测器，并进行仿真。

6）采用时钟同步状态机设计方法设计并使用 Vivado 实现及进行仿真：

一个具有 2 个输入（A、B），1 个输出（Z）的时钟同步状态机，Z 为 1 的条件是：

① 在前 2 个脉冲触发沿上，A 的值相同；

② 从上一次第 1 个条件为真起，B 的值一直为 1。

7）使用 Vivado 进行设计和仿真，要求使用状态图直接描述法，设计一个学号检测器，输入信号的频率是 50MHz，当输入的序列是读者的学号时，输出有效。

第 5 章

FPGA基本实践

通过前面章节的学习，读者可以掌握 Xilinx FPGA 的基本原理，了解电路板的基本接口信息，掌握了基本的 Verilog HDL 语言和 Vivado 的基本应用，并通过数字电路设计在 FPGA 上的实现，对数字电路的设计有了巩固和提高。

在这个基础上，本章通过实现流水灯、数码管动态显示及 VGA 显示工程，将进一步提高开发和应用能力。

这些实践内容都比较基础，但是对工程应用来说又是不可缺少的。所有的实践都建议进行仿真验证及下载到电路板进行实验验证。本章实例通过修改约束文件，可以适用于任何的具有 LED、按键、拨码开关及七段数码管的电路板。

5.1 流水灯实践

一组 LED 在控制系统的控制下按照设定的顺序和时间来发亮和熄灭，这样就能形成一定的视觉效果。如果通过设计，实现 LED 灯依次点亮，那么就形成流水灯。本节的内容就是设计这样的控制系统，实现 8 位流水灯，并下载到电路板验证。

5.1.1 流水灯的关键设计

1. 时序设计

1）需要存储当前的状态，8 个灯中有一个是亮的，定义 8 个触发器构成的 8 位寄存器 ledtemp 保存当前的状态。

2）流水灯的流转时间设置为半秒（500ms/2Hz）比较合适，系统的唯一时钟来源是由电路板上的有源晶振所产生的时钟连接到 FPGA，是 50MHz 的时钟 clk，因此需做 25000000 分频。分频部分产生的分频后时钟设计为 wire 型变量 divclk。

3）将寄存器 ledtemp 的初始值设置为 8'b0000_0001，divclk 的每个上升边沿对 ledtemp 进行向左移位，当移到 8'b1000_0000 之后，再次移位应移为 8'b0000_0001，即实现循环左移。哪一位为 1，对应的 LED 点亮，其他 LED 熄灭。

2. 分频设计

要进行 25000000 分频，采用计数器的方式。当计数值达到 12500000 时令 divclk 翻转，这样 divclk 的一个周期就是 25000000 个 clk 时钟周期。因此需要一个寄存器变量存储计数值，12500000 的十六进制是 BEBC20 为 24 位，所以需要设计 24 位以上的寄存器保存计数值。

3. 复位功能设计

从按键输入一复位信号，当按复位键后，流水灯应回到初始状态。

4. 约束设计

将流水灯模块的时钟输入连接到 FPGA 的时钟输入引脚。将与按键相连的引脚配置为复位引脚。将 ledtemp 的 8 位的输出送到 8 位的流水灯模块输出接口，连接到 FPGA 与 LED 相连接的 8 个引脚。查看附录 B 中表 B-1 引脚按功能分配表，按键按下后为高电平，LED 引脚高有效，因此复位输入接口和 LED 驱动接口都应为高有效。查看第 1 章中的按键电路及 LED 电路可证明按键输入和 LED 输出都是高有效，为方便学习 LED 和按键电路重新绘制在图 5-1。

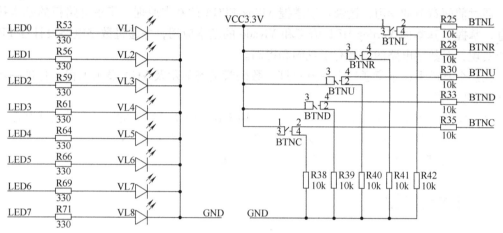

图 5-1 LED 和按键电路

5.1.2 流水灯工程的 Vivado 实现

在 Vivado 下新建工程 p_led 和顶层 Verilog HDL 文件 v1. v，编辑工程属性，其中选择器件为 xc7a35tftg256-1L。编辑 Verilog HDL 文件 v1. v，代码如 [程序实例 5.1] 所示。

[**程序实例 5.1**] 流水灯示例代码

```
module v1(
input clk,    //时钟输入
input rst,    //复位信号
output[7:0]led   //LED 输出
);                        【1】
reg[7:0]ledtemp = 8'b0000_0001;   //led 初始值
reg[23:0]divclk_cnt = 0;          //24 位计数器
reg divclk = 0;          //低频时钟
assign led = ledtemp;            //实现将寄存器变量值赋给 LED 输出
    parameter halfduty_cntvalue = 12500000;
always@(posedge clk)          //把系统时钟分频 50MHz/25000000 = 2Hz  【2】
```

```
    begin
      if( divclk_cnt == halfduty_cntvalue)　//计数满后翻转
      begin
        divclk  = ~ divclk ;
        divclk_cnt = 0 ;
      end
      else
      begin
        divclk_cnt = divclk_cnt + 1'b1 ;
      end
    end
    always@ ( posedge divclk)                              【3】
    begin
    if( rst)    //实现复位                                    【4】
    begin
      ledtemp = 8'b0000_0001 ;
    end
    else
      if( ledtemp[ 7 ] == 1)                               【5】
      ledtemp = 8'b0000_0001 ;        //实现循环移位
    else
      ledtemp = ledtemp << 1 ;  //左移 1 位
    end
  endmodule
```

　　[程序实例 5.1] 中，clk 为时钟输入，rst 为复位输入，led 为连接到 LED 的 8 位输出。

　　8 位的 ledtemp 寄存器变量用于存储 8 个灯的状态，assign led = ledtemp；将寄存器 ledtemp 的输出送到 led。24 位的寄存器变量 divclk_cnt 用于分频器的计数值，其初始值为 0。1 位寄存器变量 divclk 用于作为分频后的时钟信号。

　　always@ （posedge clk）块中（见【3】），当计数值 divclk_cnt 达到 parameter 定义参数 halfduty_cntvalue（值为 12500000）时 divclk 进行翻转，并将 divclk_cnt 清 0；否则，divclk_cnt 加 1。这样，divclk 每 0.25s 翻转一次，divclk 输出信号为频率是 2Hz 的占空比 50% 的方波。如果要修改 divclk 的时钟频率来改变流水灯的流水速度，修改参数 halfduty_cntvalue 的值即可。

　　always@ （posedge divclk）块（见【3】）的逻辑是首先判断 rst 是否为 1，如果为 1，就复位，将 ledtemp 还原【4】。否则，如果 ledtemp［7］==1，则说明流水灯已经移动到了最左边，将 ledtemp 赋值为 8'b0000_0001，如果不是这样，就将 ledtemp 左移 1 位。这样就实现了流水灯循环流动。

　　接着需编写约束文件，约束文件代码如 [程序实例 5.2] 所示。

[程序实例5.2]　流水灯约束文件代码

```
set_property PACKAGE_PIN D4[get_ports clk]
set_property PACKAGE_PIN R16[get_ports rst]
set_property PACKAGE_PIN R5[get_ports {led[0]}]
set_property PACKAGE_PIN T7[get_ports {led[1]}]
set_property PACKAGE_PIN T8[get_ports {led[2]}]
set_property PACKAGE_PIN T9[get_ports {led[3]}]
set_property PACKAGE_PIN T10[get_ports {led[4]}]
set_property PACKAGE_PIN T12[get_ports {led[5]}]
set_property PACKAGE_PIN T13[get_ports {led[6]}]
set_property PACKAGE_PIN T14[get_ports {led[7]}]
set_property IOSTANDARD LVCMOS33[get_ports {led[0]}]
set_property IOSTANDARD LVCMOS33[get_ports {led[1]}]
set_property IOSTANDARD LVCMOS33[get_ports {led[2]}]
set_property IOSTANDARD LVCMOS33[get_ports {led[3]}]
set_property IOSTANDARD LVCMOS33[get_ports {led[4]}]
set_property IOSTANDARD LVCMOS33[get_ports {led[5]}]
set_property IOSTANDARD LVCMOS33[get_ports {led[6]}]
set_property IOSTANDARD LVCMOS33[get_ports {led[7]}]
set_property IOSTANDARD LVCMOS33[get_ports clk]
set_property IOSTANDARD LVCMOS33[get_ports rst]
```

时钟的输入为 D4，该引脚连接在时钟源上，当上电后该引脚有 50MHz 的时钟输入，不能配置到其他引脚。复位信号选择 R16，与中间按键相连。模块 8 位的 led [7：0] 输出根据附录 A 的表 A-1，配置到 LED 引脚。

所有这些引脚的电气特性都配置为低电平 CMOS，高电平为 3.3V。

之后保存工程，比特流生成选项选中 bin，综合、实现、生成比特流文件。如果在这些过程中有提示出错，需根据窗口下部的 Messages 标签页提示的错误信息进行代码修改或设置修改，重新进行综合、实现及生成比特流文件。

比特流文件生成后，Vivado 窗口如图 5-2 所示。窗口右上角提示比特流文件已经生成。连接下载器，按 3.1 节 "我的第一个工程" 的步骤打开硬件管理器执行下载。首先进行 JTAG 调试，电路板上流水灯能够正常流转。下电再上电或复位后流水灯丢失，恢复到电路板原来的状态。

图 5-2 显示了比特流文件生成完成后的工程。之后添加配置内存设备，将代码下载到 SPI Flash。图 5-3 是正在下载到 SPI Flash 时的截图。下载完成后重新上电或按复位按键，等待系统配置完成，流水灯开始正常流转，频率为 2Hz。

图 5-4 所示为代码下载到电路板 SPI Flash 后流水灯的运行情况。此图无法反映流水灯实际运转情况，请关注本书相关的资源及在线 MOOC 课程。

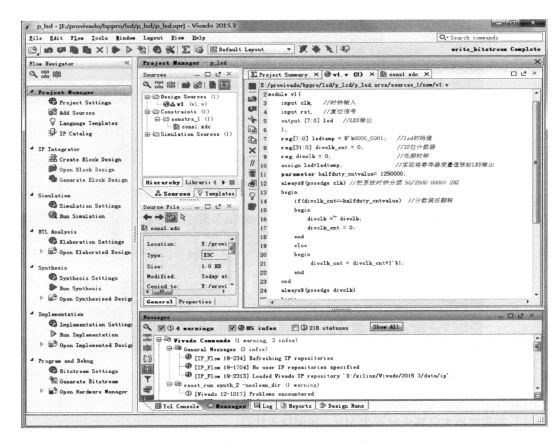

图 5-2 工程比特流文件生成完成

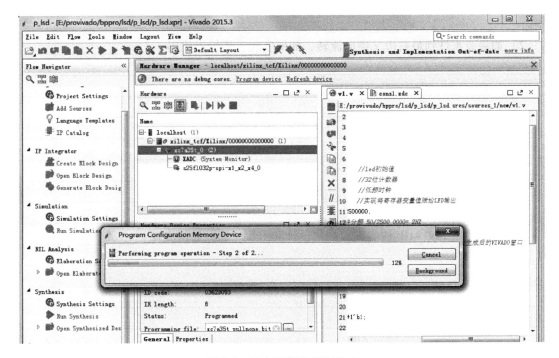

图 5-3 正在下载到 SPI Flash

图 5-4 流水灯正在流转（频率 2Hz）

本节问题：

1）如果将流水灯频率设置为 5Hz，如何修改代码：_____

_____

_____

2）如果流水灯到最右边又逆向流转，如何实现？请给出代码：_____

_____

_____

_____

_____

_____

_____

3）如果使用 74x194 IP 核实现，如何设计和组织工程，如何实现：_____

_____

_____

_____

_____

_____

5.2　数码管动态显示实践

4 位的数码管可以显示 4 个十进制数字，8 位的拨码开关可以分成 4 组，表示 4 位 3 以下的十进制数。本节实现用 4 位的数码管显示拨码开关设置的 4 位十进制数。例如，拨码开关位置的二进制表示是 10010011，数码管就应显示 2103。要想完成这一任务，需掌握数码管的动态技术。

在完成了基本的动态显示后，构建数码管动态显示 IP 核，并可调用 IP 核测试扫描频率的极限。

5.2.1　数码管动态显示原理分析

显示驱动电路

七段数码管在 1.2.6 小节有基本的描述，但在本节仍需要进行详细理解。七段数码管驱动电路如图 5-5 所示。

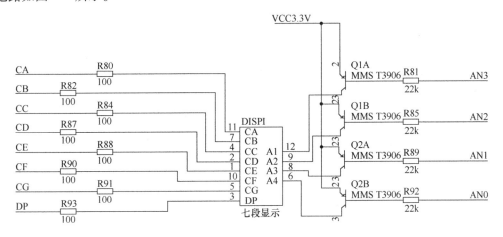

图 5-5　电路板七段数码管驱动电路

4 个数码管采用共阳极的结构，包含 4 个共阳极七段显示数码管的模块如图 5-6 所示。

电路板驱动电路中，段码信号 CA ~ CG 以及 DP 连接到 4 个七段数码管 8 位数据段。因此，这 4 个数码管是共享数据的。

A1A2A3A4 是 4 位的位选，是决定哪个数码管点亮的。当 A1A2A3A4 = 1000 时，只有最左边的数码管是点亮的，显示的是共享的段码。如果让 A1A2A3A4 = 1111，那么因为段码是共享的，所以所有的七段显示数码管都会显示同一个段码。

如果想要显示 1234，那么如何实现呢？

这就必须使用动态显示。

数码管动态显示是应用最为广泛的一种显示方式，动态驱动是将所有数码管的 8 个显示笔划 "A、B、C、D、E、F、G、DP" 的同名端连在一起（见图 5-6），另外为每个数码管的公共极加位选通控制电路，位选通由各自独立的 I/O 线控制（图 5-5 中 A1A2A3A4）。

当输出字形码（段码）时，所有数码管都接收到相同的段码，但究竟是哪个数码管会

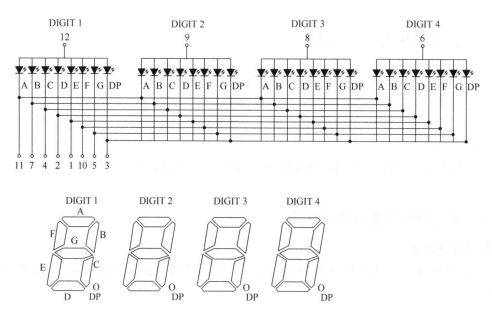

图 5-6 4 位七段数码管内部电路

显示出字形，取决于对位选的控制，所以只要将需要显示的数码管的选通控制打开，该位就显示出字形，没有选通的数码管就不会亮。一个时刻只能有一个数码管的位选是打开的，只显示一个数码管，图 5-5 中 AN3AN2AN1AN0 = 0111（低有效），这时 Q1A 这个 PNP 管子导通，3.3V 电源送到 A1。这时 A1A2A3A4 = 1000，第一个数码管显示对应的段码。

通过分时轮流控制各个数码管的位选端，就使各个数码管轮流受控显示，这就是动态显示驱动。在轮流显示过程中，每位数码管的点亮时间为 1～2ms，然后就灭掉，送新的段码将下一个数码管的位码选通，开始显示下一个数码管。由于人的视觉暂留现象及发光二极管的余辉效应，尽管实际上各位数码管并非同时点亮，但只要扫描的速度足够快，给人的印象就是一组稳定的显示数据，不会有闪烁感，因此才能用有限的 I/O 口线显示 1234。动态显示的效果和静态显示是一样的，能够节省大量的 I/O 端口，而且灭掉的数码管没有功耗，因此功耗更低。

假设一个数码管显示 1ms，有 10 个数码管动态显示，那么每 10ms 中每个数码管都显示 1ms，根据人的视觉特性，看到的是所有的数码管都显示。但是，如果数码管的数量过多，数码管熄灭的时间超过 20ms，自然能看到闪烁的现象，就需要进行分组设计。

另一个问题就是段码，如图 5-6 所示，如果要显示 0，段码应为 8'hc0，即 8'b11000000。因为是共阳极，为 0 的 LED 点亮，如果在约束的时候接口的 8 位顺序是 DP、G、F、E、D、C、B、A，那么 F、E、D、C、B、A 亮，DP、G 灭，段码为 8'hc0。所以要显示一个数字，就要给出对应的段码，段码还和约束的顺序有关。

5.2.2 数码管动态显示设计

1. 时序设计

1）设置每个数码管显示 1ms 比较合适，设计分频器将 50MHz 的时钟 clk 分频为 1000Hz，需要 50000 分频。分频部分产生的分频后时钟为 wire 型变量 divclk。

2）必须记录当前显示的是哪个数码管，4 个数码管共需采用 2 位寄存器存储位置信息。定义 2 位的寄存器变量 disp_bit 来存储这一信息。每次 divclk 时钟上升沿将 disp_bit 加 1，进入下一状态，并编程实现驱动下一个数码管。

3）根据 disp_bit 的值（0 或 1 或 2 或 3），可使用 case 语句组织代码，将对应拨码开关的值赋给一寄存器变量 disp_dat，并驱动对应数码管。

4）如果 disp_dat 发生变化，应该修改段码，因此做一个组合逻辑的 always 块实现当 disp_bit 发生变化后的译码工作。这样代码比较独立，且清晰。

2. 分频设计

要进行 50000 分频，采用计数器的方式，当计数值达到 25000 时令 divclk 翻转，这样 divclk 的一个周期就是 50000 个 clk 时钟周期。因此需要一个寄存器变量存储计数值，25000 的十六进制是 61A8，二进制值为 011000110101000，为 15 位，所以需要 15 位以上的寄存器。

3. 接口及约束设计

将数码管动态显示模块的时钟输入连接到 FPGA 的时钟输入接口。将 8 个拨码开关引脚连接到模块的 8 位拨码开关输入接口。将数码管动态显示模块的 4 位位码输出和 8 位段码输出连接到对应的电路板数码管的位码和段码接口。将 8 位的 LED 值输出连接到 LED，提供辅助的功能，监视拨码开关的状态。

查看附录 B 中表 B-1 引脚按功能分配表，LED 引脚高有效，4 位数码管的 8 位段码高有效，4 位位码低有效，拨码开关高有效。

5.2.3　数码管动态显示工程的 Vivado 实现

在 Vivado 下新建工程 p_dispsw 和顶层 Verilog HDL 文件 v1.v，编辑工程属性，其中选择器件为 xc7a35tftg256-1L。

编辑 Verilog HDL 文件 v1.v，代码如［程序实例 5.3］所示。

［程序实例 5.3］　数码管动态显示示例代码

```
module v1(input clk,
    input[7:0]sw,
    output[7:0]seg,
    output[3:0]an,
    output[7:0]led);                                    【1】
    reg[14:0]divclk_cnt=0;     //分频计数值
    reg divclk=0;     //分频后的时钟
    reg[7:0]seg=0;     //段码
    reg[3:0]an=4'b0111;     //位码
    reg[3:0]disp_data=0;     //要显示的数据
    reg[1:0]disp_bit=0;     //要显示的位
    assign led=sw;     //将拨码开关值直接送给led     【2】
    always@(posedge clk)     //把系统时钟分频50M/1000=50000  【3】
```

```verilog
begin
  if( divclk_cnt = = 26'd25000)
  begin
    divclk = ~ divclk;
    divclk_cnt =0;
  end
  else
  begin
    divclk_cnt = divclk_cnt +1'b1;
  end
end
always@ ( posedge divclk)                                    【4】
begin
  disp_bit = disp_bit +1;                                    【5】
  case ( disp_bit)                                           【6】
    2'h0 :
    begin
      disp_dat = sw[1:0];
      an =4'b1110;        //显示第一个数码管,低电平有效
    end
    2'h1:
    begin
      disp_dat = sw[3:2];
      an =4'b1101;        //显示第二个数码管,低电平有效
    end
    2'h2:
    begin
      disp_dat = sw[5:4];
      an =4'b1011;        //显示第三个数码管,低电平有效
    end
    2'h3:
    begin
      disp_dat = sw[7:6];
      an =4'b0111;        //显示第四个数码管,低电平有效
    end
  endcase
end
always@ ( disp_dat)                                          【7】
```

```
        begin
        case( disp_dat)
        4'h0 : seg = 8'hc0 ; //显示"0"
        4'h1 : seg = 8'hf9 ; //显示"1"
        4'h2 : seg = 8'ha4 ; //显示"2"
        4'h3 : seg = 8'hb0 ; //显示"3"
        4'h4 : seg = 8'h99 ; //显示"4"
        4'h5 : seg = 8'h92 ; //显示"5"
        4'h6 : seg = 8'h82 ; //显示"6"
        4'h7 : seg = 8'hf8 ; //显示"7"
        4'h8 : seg = 8'h80 ; //显示"8"
        4'h9 : seg = 8'h90 ; //显示"9"
        4'ha : seg = 8'h88 ; //显示"a"
        4'hb : seg = 8'h83 ; //显示"b"
        4'hc : seg = 8'hc6 ; //显示"c"
        4'hd : seg = 8'ha1 ; //显示"d"
        4'he : seg = 8'h86 ; //显示"e"
        4'hf : seg = 8'h8e ; //显示"f"
        endcase
        end
    endmodule
```

[程序实例5.3] 数码管动态显示示例代码中，clk 为时钟输入，8 位的输入 sw 连接到拨码开关，8 位的输出 led 连接到 8 个发光二极管，4 位的输出 an 连接到数码管的位驱动，8 位的输出 seg 连接到 4 个数码管共享的段码。【1】

8 位的寄存器变量 seg 初始值为 0，与输出端口 seg 同名，其输出送端口 seg。4 位的位码 an 初始值为 4'b0111，其名称与端口 an 同名，该寄存器的输出送端口 an。

寄存器变量 disp_dat 容纳要显示的数值，因为要显示的数值只有 0、1、2 或 3，所以该寄存器只有 2 位。寄存器变量 disp_bit 存储当前显示哪个数码管，因为数码管只有 4 个，所以数值只有 0、1、2 或 3，因此该寄存器只有 2 位。

15 位的寄存器变量 divclk_cnt 用于分频器的计数值，其初始值为 0。1 位寄存器变量 divclk 用于作为分频后的时钟信号。

组合逻辑赋值语句【2】"assign led = sw"将输入 sw 直接连接到输出 led，可以通过 8 个 LED 观察拨码开关的状态。这个功能看似多余，但是从实践上看是有用的，因为在实践中，经常不能得到正确的结果，而如果 LED 的显示能够和拨码开关的值一致，起码说明系统运行是正常的，拨码开关也是正常的。看似无关的代码，其实有利于调试和检测。

在第一个 always 块【3】中实现分频，分频后的 divclk 是 1000Hz，每毫秒产生一个上升沿。

always@ （posedge divclk）块【4】的逻辑是首先将 disp_bit 加 1 【5】。因为 disp_bit 是

2 位的变量，所以每次加 1，值依次为

$$2'b01 \rightarrow 2'b02 \rightarrow 2'b03 \rightarrow 2'b04 \rightarrow 2'b00 \cdots$$

因此无需判断溢出，实现的是 1 个模 4 的计数器，一直加就可以。disp_bit = disp_bit + 1
【5】是一条阻塞赋值语句，因此要执行之后，后面的语句才能继续。

后面的 case 语句【6】根据 disp_bit 的值，将驱动不同的数码管。当 disp_bit 的值为 1
时，就应该让第二个数码管亮起来，这时给出的位码应该是 4'b1101。另外，这时应该显示
的是与第二个数码管对应的拨码开关的值，因此 disp_dat = sw [3：2]。

最后的 always 块【7】描述的是如果 disp_dat 发生了变化，那么就要修改段码输出了。
同样应该采用 case 语句最为简洁，虽然使用 if 语句也能实现，但代码就相当可怕了。如果
要显示的值是 2，那么对应的段码应该是 8'ha4，因此将 8'ha4 赋给 seg 寄存器变量。

这样代码就完成了，这个代码其实很简单，也有其他的实现方式可以将这段代码更简
化，如可以不使用 disp_bit，留给读者思考。

接着需编写约束文件，约束文件部分代码如 [程序实例 5.4] 所示。

[程序实例 5.4]　数码管动态显示约束文件部分代码（位码和段码部分）

```
set_property PACKAGE_PIN P1 [get_ports{seg[0]}]
    set_property IOSTANDARD LVCMOS33 [get_ports{seg[0]}]
set_property PACKAGE_PIN T2 [get_ports{seg[1]}]
    set_property IOSTANDARD LVCMOS33 [get_ports{seg[1]}]
set_property PACKAGE_PIN R2 [get_ports{seg[2]}]
    set_property IOSTANDARD LVCMOS33 [get_ports{seg[2]}]
set_property PACKAGE_PIN N1 [get_ports{seg[3]}]
    set_property IOSTANDARD LVCMOS33 [get_ports{seg[3]}]
set_property PACKAGE_PIN M2 [get_ports{seg[4]}]
    set_property IOSTANDARD LVCMOS33 [get_ports{seg[4]}]
set_property PACKAGE_PIN P3 [get_ports{seg[5]}]
    set_property IOSTANDARD LVCMOS33 [get_ports{seg[5]}]
set_property PACKAGE_PIN R3 [get_ports{seg[6]}]
    set_property IOSTANDARD LVCMOS33 [get_ports{seg[6]}]
set_property PACKAGE_PIN N2 [get_ports seg[7]]
    set_property IOSTANDARD LVCMOS33 [get_ports seg[7]]
set_property PACKAGE_PIN T4 [get_ports{an[0]}]
    set_property IOSTANDARD LVCMOS33 [get_ports{an[0]}]
set_property PACKAGE_PIN T3 [get_ports{an[1]}]
    set_property IOSTANDARD LVCMOS33 [get_ports{an[1]}]
set_property PACKAGE_PIN R1 [get_ports{an[2]}]
    set_property IOSTANDARD LVCMOS33 [get_ports{an[2]}]
set_property PACKAGE_PIN M1 [get_ports{an[3]}]
    set_property IOSTANDARD LVCMOS33 [get_ports{an[3]}]
```

因为这个约束文件比较大，因此只保留位码和段码的约束部分，LED、拨码开关和时钟的约束可以参考本书其他章节的相关内容。之后保存工程，设置比特流生成选项选中 bin，综合、实现、生成比特流文件，并下载到电路板。

图 5-7 显示了最后的运行结果，如实地显示了拨码开关的位置。

图 5-7　拨码开关位置 00 01 10 11 运行结果

5.2.4　数码管动态显示 IP 核设计与实现

如果做一个电子秒表或电压表，需要数码管显示时间或电压值。如果能调用数码管动态显示的 IP 核，则只需要向 IP 核的实例送出要显示的数据，就可以实现显示，而不需要去关心显示实现的细节，并极大地减轻了工作量及降低了整个工程的复杂度，减少出错的可能。本小节就是设计和构建这样的 IP 核。

接口设计：IP 核需要 1 位的时钟输入。每个数码管显示的值是 0 ~ F，因此需要 4 位的输入，4 个数码管需要 16 位的输入接口。数码管动态显示 IP 核需要驱动数码管的位码和段码，因此必须有 4 位位码输出和 8 位段码输出。

> **灵活性设计：**
>
> 1）数码管动态显示 IP 核应有复位信号，当复位信号有效时，执行复位并显示全灭，因此需增加一个 1 位的复位接口。
>
> 2）数码管动态显示 IP 核可以更改扫描频率，以便根据硬件的不同达到最好的效果，即在实例化的时候用户可以设置分频器的计数最大值。采用参数传递可以解决这一问题。

在以上设计的指导下新建工程 p_ip_disp，新建顶层文件 ip_disp.v，代码如 [程序实例 5.5] 所示。

[程序实例 5.5]　动态显示 IP 核工程 Verilog HDL 文件代码

```
module ip_disp(
    input clk,
    input rst,
    input[15:0]dispdata,
    output[7:0]seg,
    output[3:0]an
```

```
  );
  reg[14:0]divclk_cnt = 0;      //分频计数值
  reg divclk = 0;               //分频后的时钟
  reg[7:0]seg = 0;              //段码
  reg[3:0]an = 4'b0111;         //位码
  reg[3:0]disp_dat = 0;         //要显示的数据
  reg[1:0]disp_bit = 0;         //要显示的位
  parameter maxcnt = 1;         //分频值,应为25000,这里设置为1为仿真方便
                                                        【1】

  always@(posedge clk)
  begin
    if(divclk_cnt == maxcnt)
    begin
      divclk = ~ divclk;
      divclk_cnt = 0;
    end
    else
    begin
      divclk_cnt = divclk_cnt +1'b1;
    end
  end
    always@(posedge divclk)
    begin
      if(rst)an = 4'b1111;
      else
      begin
            disp_bit = disp_bit +1;
            case(disp_bit)
              2'h0:
              begin
                disp_dat[3:0] = dispdata[3:0];           【2】
                an = 4'b1110;//显示第一个数码管,低电平有效
              end
              2'h1:
              begin
                disp_dat[3:0] = dispdata[7:4];           【3】
                an = 4'b1101;//显示第二个数码管,低电平有效
              end
```

```
                          2'h2:
                      begin
                          disp_dat[3:0] = dispdata[11:8];                【4】
                          an = 4'b1011;//显示第三个数码管,低电平有效
                      end
                          2'h3:
                      begin
                          disp_dat[3:0] = dispdata[15:12];               【5】
                          an = 4'b0111;//显示第四个数码管,低电平有效
                      end
                  endcase
              end
      end

      always@(disp_dat)
      begin
      case(disp_dat)
      4'h0:seg = 8'hc0;//显示"0"
      …………//省略
      endcase
      end
   endmodule
```

　　动态显示 IP 核工程 Verilog HDL 文件代码和［程序实例 5.3］数码管动态显示示例代码区别不大,程序代码【1】处定义参数 maxcnt 为 1,是为仿真方便,而当 IP 核被调用时可以在实例化 IP 核时修改其值。

　　代码【2】【3】【4】【5】处的含义是当显示第一个数码管时,将显示的值依次送到 16 位数据端口 dispdata 上的低 4 位 dispdata［3：0］,并以此类推。

　　将工程进行综合,成功后验证模块是否能正常工作的方便方法是进行仿真。

　　新建并编写仿真文件,代码如［程序实例 5.6］所示。

［**程序实例 5.6**］　**动态显示 IP 核工程仿真文件代码**

```
module sim1;
    reg clk = 0;
    reg rst = 0;
    reg[15:0]dispdata = 16'hA951;   【1】
wire[7:0]seg;
wire[3:0]an;
ip_disp uut(
```

```
        clk,
        rst,
        dispdata,
        seg,
        an
        );
    always#10clk = ~ clk;
endmodule
```

代码【1】处定义 dispdata = 16'hA951,因此在时钟的激励下,模块 uut(ip_disp 的实例)的寄存器变量 disp_dat 应依次赋值为十六进制的 1、5、9、A。

执行仿真,添加模块 uut 内部需要查看仿真结果的寄存器变量到仿真窗口,再次执行仿真,缩放仿真波形以便于观察,得到图 5-8 所示结果。

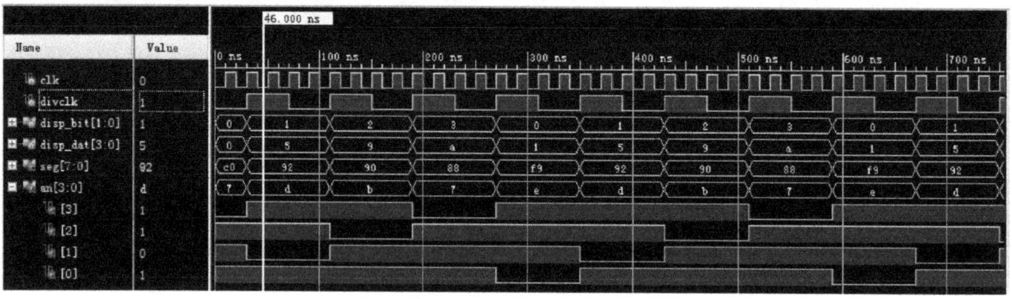

图 5-8   动态显示 IP 核工程仿真结果

可见,当 maxcnt 为 1 时,divclk 是 clk 的 4 分频。在 maxcnt 时钟未到来时,因初始化 disp_dat 为 0,因此 disp_dat =0,第一个时钟到来后进入正常的序列,an 移位的同时,disp_dat 按 1、5、9、A 的顺序变化。分析 seg 上的信号译码也是正确的。因此仿真成功,可以放心封装为 IP 核。

执行封装 IP 核的过程。

5.2.5   调用 IP 核实现动态显示

在生成 IP 核之后,再实现显示拨码开关位置就非常简单了,只需要简单地调用 IP 核就可以了。新建工程 p_dispsw_useip,按 3.3 节的步骤加入新建的 IP 核。

新建 Verilog HDL 文件 v1.v,全部代码如[程序实例 5.7]所示。

[程序实例 5.7]   调用 IP 核实现动态显示代码

```
module v1(
    input clk,
    input[7:0]sw,
    output[7:0]seg,
```

```
    output[3:0]an,
    output[7:0]led
    );
    reg[15:0]dispdata;
    reg rst = 0;
    assign led = sw;                    //将拨码开关值直接送给 led
    always @ (clk)                                    【1】
        dispdata = {2'b00,sw[7:6],2'b00,sw[5:4],2'b00,sw[3:2],2'b00,sw[1:0]};
    ip_disp_0 uut(                                    【2】
        clk,
        rst,
        dispdata,
        seg,
        an
    );
endmodule
```

调用 IP 核实现动态显示代码的模块定义部分与 5.2.3 小节的工程主模块完全相同，因为有相同的功能及相同的接口。约束文件也完全相同。

程序代码【1】处的 always 块只有 1 条语句，可以省略 begin 和 end。这条寄存器赋值语句使用了位拼接运算符来拼接成 16 位值送到 16 位的 dispdata 寄存器。

程序代码【2】调用生成的 IP 模块 ip_disp_0 实现动态显示功能，将 dispdata 的值送给 IP 核模块显示。

现在不能忘记，为了仿真，将 IP 核模块的参数 maxcnt 定义为 1，这样的刷新速度太快，是不会得到正确结果的，正确的 maxcnt 值是 25000。无需担心，在 IP 核实例化的时候是可以更改参数的。如果忘记在添加 IP 核的过程中修改 maxcnt 的值，则可以在随后进行修改。最方便的方法是在工程窗口中找到添加进来的 IP 核，双击，如图 5-9 所示。

在弹出的 Re-customize IP 窗口（见图 5-10），修改 Maxcnt 的值为 25000。之后，单击"OK"按钮保存。这时会重新生成 IP 核实例，当实例生成完成后重新进行综合、实现及生成比特流文件。

之后下载到电路板，得到和不使用 IP 核的动态显示拨码开关位置相同的结果。因此，如果存在 IP 核的情况下，通过调用 IP 核可以更方便地实现想要的功能。读者可以实验将 IP 核的 Maxcnt 值配置为其他值，查看数码管显示的情况。

到这里的内容如果掌握了 90%，那么读者应该有了一定的 FPGA 开发能力。如果这些工程都自己动手实践，肯定遇到了很多综合错误、实现错误等，以及仿真得不到结果、下载后完全跑不起来也不知道是不是板子坏了的情况。当克服了这些困难就积累了一定的工程经验。对的，学 C 语言的时候就是一大堆的 ERROR 和 WARNING，是这样，如果什么困难也没有，做完了一次就成功了才真正奇怪。

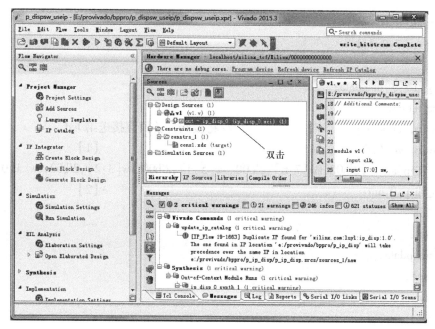

图 5-9　选中 IP 核双击进行配置

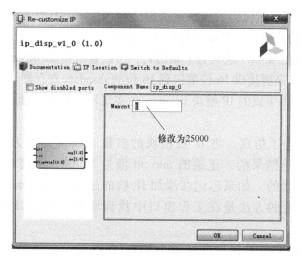

图 5-10　配置 IP 核参数

本节问题：

1）简述数码管动态显示的原理：_____

_____

_____

2）如果［程序实例 5.3］中 divclk_cnt 声明为 10 位，会出现怎样的情况？为什么：___

_____

3）参考［程序实例 5.6］动态显示 IP 核工程仿真文件代码，说明仿真文件的格式：___

4）位拼接运算符非常常用，请举例说明其用法：_____

5）模块调用的方法是：_____

6）总结一下 parameter 的用法和好处：_____

5.3　VGA 显示的实现

驱动普通的液晶显示器显示图形，就可以实现诸如监控系统、示波器视频显示。本节将构建 Vivado 工程实现基本的 VGA 显示。

5.3.1　VGA 显示基本原理

VGA（Video Graphics Array，视频图像阵列）是 IBM 在 1987 年随 PS/2 机一起推出的一种视频传输标准，具有分辨率高（640×480）、显示速率快、颜色丰富等优点，在彩色显示器领域得到了广泛的应用。

FPGA 电路板 VGA 的接口和 VGA 显示接口如图 5-11、图 5-12 所示。表 5-1 描述了电路板 FPGA 芯片用于 VGA 显示的引脚。

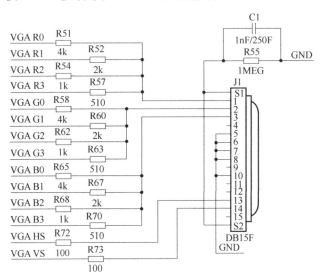

图 5-11　FPGA 电路板 VGA 的接口

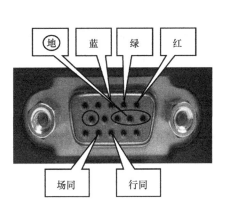

图 5-12　VGA 显示接口

表 5-1　液晶显示驱动电路引脚分配

引　脚	功　能	类　型	方　向	备　注
A10	vgaRed [0]	IO	输出	红色位 0
A12	vgaRed [1]	IO	输出	红色位 1
A13	vgaRed [2]	IO	输出	红色位 2
A14	vgaRed [3]	IO	输出	红色位 3
B16	vgaBlue [0]	IO	输出	蓝色位 0
C14	vgaBlue [1]	IO	输出	蓝色位 1
C16	vgaBlue [2]	IO	输出	蓝色位 2
D14	vgaBlue [3]	IO	输出	蓝色位 3
A15	vgaGreen [0]	IO	输出	绿色位 0
B12	vgaGreen [1]	IO	输出	绿色位 1
B14	vgaGreen [2]	IO	输出	绿色位 2
B15	vgaGreen [3]	IO	输出	绿色位 3
D15	Hsync	IO	输出	水平同步信号
D16	Vsync	IO	输出	垂直同步信号

由图 5-11 所示，使用到的 VGA 接口除地之外，还有 1 脚红色、2 脚绿色、3 脚蓝色，以及 13 脚的水平同步（扫描）Hsync 和 14 脚的垂直同步（扫描）Vsync。

分析图 5-11，红色信号使用了 VGA R0 通过 4kΩ 电阻、VGA R1 通过 2kΩ 电阻、VGA R2 通过 1kΩ 电阻、VGA R3 通过 510Ω 电阻后，进行线或后加载。出于实验的目的对颜色的精度要求不高，电阻的取值 510Ω 近似于 500Ω。那么，这种设计 R3R2R1R0 的权重分别为 8421，因此符合二进制数值设计。当 R3R2R1R0 为 1111 时红色最强，红色的数值范围为 0000 ~ 1111。同理，绿色和蓝色也是 4 位颜色。因此 VGA 是 12 位色（4096 色）。

在构建工程模块之前，先要了解 VGA 时序，使得模块产生的时序满足 VGA 工业标准，这样才能在 VGA 显示器上正确显示图像。如图 5-13 所示的 VGA 扫描过程，要显示整个图像，一行扫

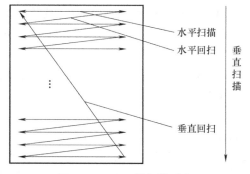

图 5-13　VGA 的扫描过程

描完成后要进行回扫，然后开始下一行的扫描。所有行扫描完成后，需要进行垂直回扫完成扫描过程。垂直扫描的周期长，完成整个屏幕的显示，也称为场或帧。回扫过程需要消隐。

VGA 的时序主要分为行和场两种数据时序，分别如图 5-14 和图 5-15 所示。

VGA 显示器是由一个一个的像素点组成的，如果有 x 行 y 列，就有 x×y 个像素点。按照规则，要一行一行地显示直到所有行显示完。这种方式也称为扫描。行数据时序就是一行数据的显示时序。由 VGA 行数据时序图（图 5-14）可以看出，显示一行数据需要做好两件事情。首先是产生行同步 Hsync 信号，然后依次输出每个像素点的颜色数据。从图 5-14 中可以看出，行扫描的一个周期 e 由 SYNC（同步信号宽度 a）+ Back porch（消隐后沿 b）+ Active vidoe time（行显示 c）+ Front porch（消隐前沿 d）组成。

场同步时序如图 5-15 所示，场扫描时间 s 则是由 SYNC（场同步信号 o）+ Back porch

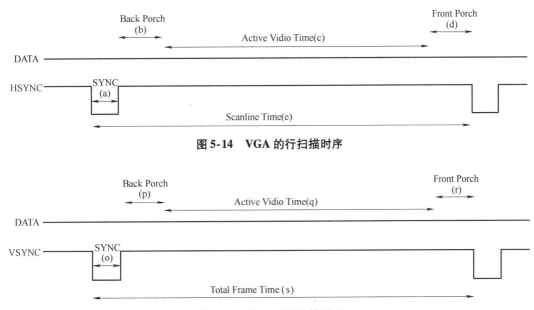

图 5-14　VGA 的行扫描时序

图 5-15　VGA 的场扫描时序

（消隐后沿 p）+ Active video time（场显示 q）+ Fornt porch（消隐前沿 r）构成的。在场扫描时间内，完成所有的行的扫描。

因此，要完成显示驱动，最重要的工作就是实现水平同步（扫描）Hsync 和垂直同步（扫描）Vsync 信号的时序。

VGA 刷新频率和扫描时间见表 5-2。

表 5-2　VGA 刷新频率和扫描时间

显示模式	时钟/MHz	行时序（像素数）					帧时序（行数）				
		a	b	c	d	e	o	p	q	r	s
640×480@60	25.175	96	48	640	16	800	2	33	480	10	525
640×480@75	31.5	64	120	640	16	840	3	16	480	1	500
800×600@60	40.0	128	88	800	40	1056	4	23	600	1	628
800×600@75	49.5	80	160	800	16	1056	3	21	600	1	625
1024×768@60	65.0	136	160	1024	24	1344	6	29	768	3	806
1024×768@75	78.8	176	176	1024	16	1312	3	28	768	1	800
1280×800@60	83.46	136	200	1280	64	1680	3	24	800	1	828
1280×1024@60	108.0	112	248	1280	48	1688	3	38	1024	1	1066
1440×900@60	106.47	152	232	1440	80	1904	3	28	900	1	932

5.3.2　VGA 显示设计与实现

假设采用 $800 \times 600@75$ 的模式，$75 \times 1056 \times 625 \mathrm{Hz} = 49.5 \mathrm{MHz}$，因此需要 49.5 MHz 的时钟。现在有 50 MHz 的时钟，要想得到 49.5 MHz 的时钟，最直接简单合理的方法就是使用

Vivado 提供的 IP 核。

首先新建工程 p_vga 及顶层 Verilog HDL 文件 v1. v。

单击流程导航窗口工程管理项下的 IP 目录（IP Catalog），如图 5-16 所示，选择 Vivado 自带的 IP 核时钟向导（Clocking Wizard）。双击时钟向导，时钟向导的窗口弹出，可以看到有 IP 符号和 5 个页框。在第一个页框（时钟选项页）中修改输入时钟频率为 50MHz，然后切换到第二个页框（输出时钟页）。在第二个页框中，将第一个输出时钟选中，将频率修改为 49.5MHz，然后不选下面的复位（reset）和锁住（locked）检查框，这时得到如图 5-17 所示的窗口。之后单击"OK"按钮生成 IP 核实例。

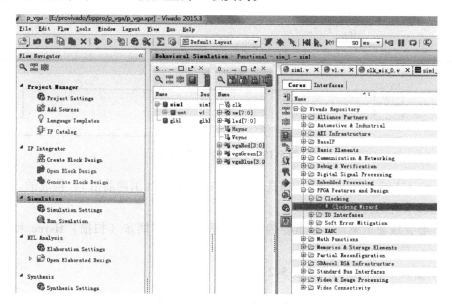

图 5-16　选择 Vivado 自带的 IP 核 Clocking Wizard

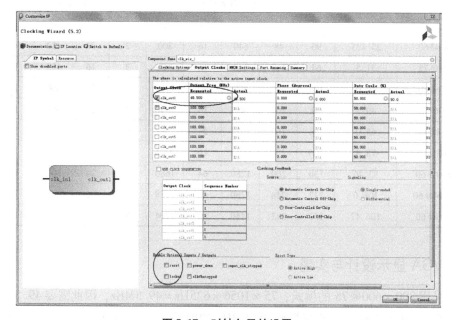

图 5-17　时钟向导的设置

IP 核实例生成后，在工程中添加了 clk_wiz_0. sciIP 核文件，在其下有只读的 clk_wiz_0. v 模块文件，双击后得到图 5-18，其中模块的声明很清晰，在工程其他文件中可简单地调用该模块实现 49.5MHz 的时钟。

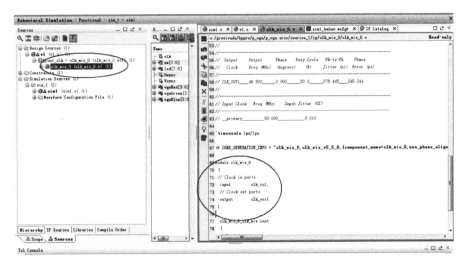

图 5-18 生成的 IP 核模块

在分析了 VGA 的基本原理后，开始进行设计实现。因为电路板的时钟频率是 50MHz，采用 800×600@75 的显示模式比较简单，并适合一般的液晶显示器。新建工程 p_vga，新建 Verilog HDL 源文件 v1. v，代码如［程序实例 5.8］所示。

［**程序实例 5.8**］ **VGA 显示代码**

```
module v1(
    input clk,
    input[7:0]sw,
    output[7:0]led,
    output Hsync,
    output Vsync,
    output[3:0]vgaRed,
    output[3:0]vgaGreen,
    output[3:0]vgaBlue
    );                                                          【1】
parameter  ta=80,tb=160,tc=800,td=16,te=1056,to=3,tp=21,tq=600,tr=1,ts
=625;                                                           【2】
    reg[10:0]x_counter=0;                                       【3】
    reg[10:0]y_counter=0;
    reg[2:0]colour;
    wire clk_vga;
    assign led=sw;                                              【4】
```

```
    clk_wiz_0 uut_clk                                            【5】
(
    . clk_in1 ( clk ) ,
    . clk_out1 ( clk_vga )
) ;
    always @ ( posedge clk_vga ) begin                           【6】
      begin
        if( x_counter = = te-1 )// 1055
        begin
          x_counter = 0 ;
          if( y_counter = = ts-1 )
            y_counter = 0 ;
          else
            y_counter = y_counter + 1 ;
        end
        else
        begin
          x_counter = x_counter + 1 ;
        end
      end
    end
    always @ ( x_counter or y_counter )                          【7】
    begin
      if( x_counter < 340 )   colour < = 3'b001 ;
        else if ( x_counter < 440 )      colour < = 3'b010 ;
        else if ( x_counter < 540 )      colour < = 3'b011 ;
        else if ( x_counter < 640 )   colour < = 3'b100 ;
        else if ( x_counter < 740 )      colour < = 3'b101 ;
        else if ( x_counter < 840 )      colour < = 3'b110 ;
        else if ( x_counter < 940 )      colour < = 3'b111 ;
        else   colour < = 3'b000 ;
    end
    assign   vgaRed = {4{colour[2]}} ;                           【8】
    assign   vgaGreen = {4{colour[1]}} ;
    assign   vgaBlue = {4{colour[0]}} ;
    assign Hsync = ! ( x_counter < ta ) ;                        【9】
    assign Vsync = ! ( y_counter < to ) ;                        【10】
endmodule
```

　　VGA 显示模块的输入时钟是 50MHz 的外时钟 clk，将 8 位的拨码开关 sw 送入模块，将 8 位的输出 led 送出模块驱动 LED。Hsync 和 Vsync 是水平同步输出接口和垂直同步输出接口。vgaRed、vgaGreen、vgaBlue 分别是 4 位的红色、绿色、蓝色输出接口。见【1】。

　　选择 $800 \times 600@75$ 的模式，将表 5-2 对应的 VGA 刷新频率和扫描时间的值填写到各个参数。见【2】。

　　定义寄存器变量 x_counter 保存当前水平扫描进度，即扫描到多少个像素点，数值从 0 开始。定义寄存器变量 y_counter 保存当前垂直扫描进度，即扫描的行数从 0 开始。3 位的寄存器 colour 用于表示颜色，其中红、绿、蓝各 1 位。wire 型变量 clk_vga 是时钟模块对输入 clk 进行处理后的输出线。见【3】。

　　程序代码【4】的赋值语句将拨码开关的位置赋给了 LED，因此 8 个 LED 上应如实地表示拨码开关的位置。这行代码看起来和整个工程无关，但是如果工程无法正常显示图像时，可以帮助读者了解是硬件的问题还是软件的问题。例如，发现显示器没有显示，但是 LED 的指示跟随拨码开关的搬动而变化，说明是软件的问题；如果 LED 的指示不能跟随拨码开关的搬动而变化，可能是下载就没有成功或硬件的其他问题，需调整好后再尝试实现 VGA 显示。另外在调试过程中，可以修改代码，将一些中间过程用 LED 显示出来，帮助调试。

　　程序代码【5】就是对 IP 核的调用，这里的输入 .clk_in1（clk）表示将时钟输入 clk 送到模块实例 uut_clk 的输入，.clk_out1（clk_vga）表示将模块 uut_clk 的输出 clk_out1 送到 wire 变量 clk_vga。实际上，uut_clk 是模块 clk_wiz_0 的实例，clk 连接到模块的 clk_in1，clk_vga 连接到模块的 clk_out1。这样，模块 uut_clk 获得了 50MHz 的时钟输入，产生了 49.5MHz 的时钟输出，clk_vga 的波形就是 49.5MHz 的方波。

　　程序代码【6】描述的是在 clk_vga 的时钟上升沿发生的事情。每一行需要扫描的点数不是分辨率中的行数，而是包含了消隐部分的行数，因此 te = 1056（参考表 5-2）。同理，每一列扫描的点数是 ts = 625。扫描完一行后，列扫描数加 1。每一行中，一个点一个点地扫描，从 0 到 te - 1（这里的数值为 1055）。当行扫描到 1055 时，下一次扫描应该从下一行的 0 像素点开始，因此将水平扫描值置 0，并且将垂直扫描值加 1。当垂直扫描到最后一行后，值为 ts - 1，下一次应从 0 行开始，因此将垂直扫描值清 0。

　　当水平扫描值 x_counter < ta 时，根据图 5-14 水平同步信号应输出 0 Hsync，因此【9】处的代码描述的就是这个逻辑。同样，【10】处的代码描述的是当 y_counter < to 时，垂直（场）同步信号为 0。这样，代码【6】【9】【10】的组合，就完成了行场同步信号的发生。

　　代码【7】描述的是当水平计数或垂直计数值发生变化的时候，赋予颜色信息。由图 5-14 所示，在 ta（80）和 tb（160）这段时间赋予颜色信息是没有意义的，从 ta + tb（0 ~ 240）这段时间开始，下面的 800 个 clk_vga 周期 T（T = 1/（49.5MHz）= 20.2ns）才将颜色送到各个像素点上去。因此使用 if 语句在水平计数 x_counter 值为 240 ~ 340 送 3'b001（蓝色）、341 ~ 440 送 3'b010（绿色）、441 ~ 540 送 3'b011（青色）、541 ~ 640 送 3'b100（红色）、641 ~ 740 送 3'b101（粉色）、741 ~ 840 送 3'b110（黄色）、841 ~ 940 送 3'b111（白色）、941 ~ 1040 送 3'b000（黑色），这样将形成彩色的竖条纹。

　　代码【8】处的 "assign vgaRed = {4{colour[2]}};" 使用位拼接运算符 "{ }" 将 1 位

的红颜色值扩展为 4 位送 vgaRed 输出，后面的两条语句类似地将绿色和蓝色送出到 vgaGreen 和 vgaBlue，完成颜色信号的硬件驱动。

工程代码完成后，新建一仿真文件。仿真代码很简单，只为显示模块 v1 模拟 50MHz 的时钟。仿真后得到如图 5-19 所示的结果。

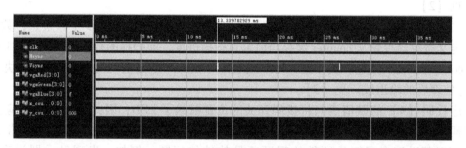

图 5-19 仿真全景图

从全景图看，垂直扫描的周期是 13.3ms。VGA 工作在 800×600@75 模式，场频率应为 75Hz，周期为 13.3ms，与仿真结果一致。

将图形展开，得到如图 5-20 所示的仿真细节图。

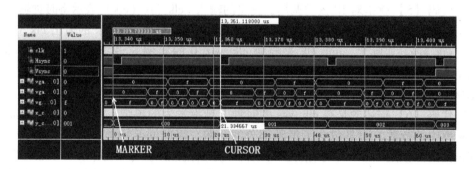

图 5-20 仿真波形细节图

图 5-20 是将图 5-19 的仿真波形在中间垂直同步信号负脉冲处放大，并加入了 MARKER（标志）及 CURSOR（游标）进行测量。加入 MARKER 的方法是在波形图上单击鼠标右键，在弹出的菜单中选择添加 MARKER 即可，而 CURSOR 本身就存在，可以用鼠标移动。图 5-20 中在 Vsync 为 0 的期间，包含了完整的 3 个水平扫描周期，这是因为 t0 = 3。在水平同步周期的最开始位置加入 MARKER，然后将游标移动到下一个周期开始的地方，图 5-20 中的 21.334667μs 是游标相对于 MARKER 的时间差，因为点频率是 49.5MHz，每一个点的扫描时间是 20.2ns，行周期是 20.2ns × te = 20.2ns × 1056 ≈ 21.3μs，仿真波形正确。

将普通液晶显示器的 VGA 插头插入 FPGA 电路板 VGA 插座，将工程综合、实现、生成比特流文件，下载到电路板。可以看到显示器自动识别 VGA 刷新率，显示的图像如图 5-21 所示，8 个竖直的条符合预期。使用液晶显示器的按键调出显示菜单，查看显示信息，可以看到显示模式是 VGA、800×600、频率 75Hz。笔者实验当采用 50MHz 的点频率时，查看到的显示信息是 VGA 800×600@76Hz。

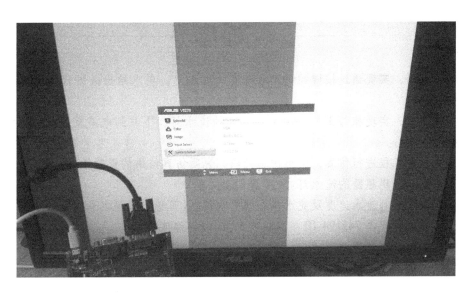

图 5-21 VGA 工程运行结果

VGA 常规实现完成。

本节问题：

1）VGA 扫描的基本原理总结：_____

_____

_____

_____

_____

2）将［程序实例 5.8］VGA 显示代码【7】处的 if 语句改写为 case 语句实现：_____

_____

_____

_____

_____

_____

_____

3）如果设计图片显示程序，需要做哪些准备工作：_____

_____

_____

_____

下一章将进入综合实践部分。

习题

1）编写代码，实现通过按键控制流水速度的流水灯，要求给出关键代码解析。（可选自主设计实验）

2）构建工程，实现相邻 3 个 LED 同时点亮的流水灯，下载到电路板验证。（可选自主设计实验）

3）对流水灯工程进行仿真，给出仿真代码，说明仿真结果的正确性。

4）自主设计实现超酷的流水灯。（可选创新实验）

5）实现按键控制流水速度及流水模式的流水灯。（可选挑战型创新实验）

6）使用移位寄存器 74x194 IP 核实现流水灯。（可选实验）

7）简述数码管动态显示原理。

8）编写代码，实现刷新率可调的数码管动态显示。（可选实验）

9）编写代码并分配引脚实现加法计算器，由数码管显示加法结果。（可选实验）

10）编写代码，实现由 VGA 显示水平彩色条纹。（可选实验）

11）设计及编写代码，实现 VGA 显示 IP 核，并自主设计使用 IP 核自定义功能。（可选自主设计实验）

第 6 章

FPGA综合实践

通过前面章节的学习，并动手实践，已经具备了基本的 FPGA 开发和应用能力，对电路板的接口和设备的使用也了如指掌，对 Verilog HDL 语言也有了一定程度的基础和实践经验。从本章开始将进入综合实践部分进一步提高 FPGA 开发能力。

本章的综合实践包括两个设计与实现：电子秒表的设计与实现、串行异步通信的设计与实现。

6.1 电子秒表的设计与实现

电子秒表最基本的功能是显示时间，使用 4 位数码管可以显示十分、分、十秒、秒 4 个数值。要求通过拨码开关设置电子秒表工作在正常显示状态或设置状态。在设置状态，可以通过按键灵活地设置每一位的数值。本节实现电子秒表并下载到电路板进行验证。

本节的设计若能使用 IP 核加速设计，将使用 IP 核，包括系统提供的 IP 核和读者设计的 IP 核（如动态显示 IP 核）。由于在电子秒表的设计中使用了按键，首先要设计按键消抖。

6.1.1 按键消抖

在电子秒表中需要使用按键。按键所用开关为机械弹性开关，当机械触点闭合、断开时，由于机械触点的弹性作用，一个按键开关在闭合时不会马上稳定地接通，在断开时也不会一下子断开。因而在闭合及断开的瞬间均伴随有一连串的抖动，为了不产生这种现象而做的措施就是按键消抖。

实验电路板中按键按下为高电平。图 6-1 所示是按键在按下时，机械触点的抖动使按下后不能立刻稳定成高电平，而是经过一段时间 5 ~ 20ms 才能达到稳定，而在按键释放的时候也是如此。

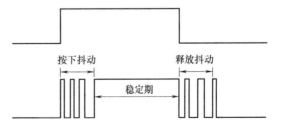

图 6-1　按键按下瞬间的抖动

去抖的设计：声明 3 个寄存器 btn0、btn1、btn2，并将它们组合成移位寄存器，将移位方向定义为 btn0→btn1→bun2。将按键输入送 btn0，每隔 20ms 执行一次移位。这样，在每次移位后，btn0 中存储的是当前的按键电平，btn1 中存储的是 20ms 之前的按键电平，btn2 中存储的是 40ms 之前的按键电平。

可见，移位寄存器非常适合于做历史记录。

有了历史记录，判断就容易了。当 btn0 = 1、btn1 = 1、btn2 = 0 时，按键肯定被按下；当 btn0 = 0、btn1 = 0、btn2 = 1 时，按键肯定被释放。于是，根据这个逻辑可以设计按键去抖的 IP 核。简单判断方法是，当 3 个寄存器中有 2 个寄存器的值是 1 时，就可以判定按键是在按下的状态，其中排除 101 这个状态（这个状态不应存在）。

新建工程 p_ip_ajxd，该 IP 核的输入有时钟（50Hz）、5 位的按键输入，输出是对 5 位的按键输入处理后的输出，要求输出的波形去掉按键的抖动。

新建 Verilog HDL 文件，编写代码如［程序实例 6.1］所示。

［程序实例 6.1］　按键消抖示例代码

```
module ip_ajxd(                                          【1】
    input btn_clk,
    input[4:0]btn_in,
    output[4:0]btn_out
    );
    reg[4:0]btn0 = 0;
    reg[4:0]btn1 = 0;
    reg[4:0]btn2 = 0;
    assign btn_out = (btn2&btn1& ~ btn0) | (btn2&btn1&btn0) | ( ~ btn2&btn1&btn0);
                                                         【2】
    always@ (posedge btn_clk)                            【3】
    begin
        btn0 < = btn_in;
        btn1 < = btn0;
        btn2 < = btn1;
    end
endmodule
```

［程序实例 6.1］中，btn_clk 为外部检测按键时钟输入（50Hz 比较合适），btn_in 为按键输入（高有效），btn_out 为去抖动后的干净的按键输出信号。见【1】。

程序代码【3】处是移位寄存器，描述了每个按键信号的移位，当按键检测信号每 20ms（50Hz）到来的时候，进行寄存器移位，并将最新的按键输入送到寄存器 btn0。使用非阻塞的赋值方式，btn1 移入的是 btn0 的旧值，也就是 20ms 之前的按键信息；同理，btn2 存储的是 40ms 之前的按键信息。注意，btn0、btn1、btn2 都是 5 位的寄存器，因为有 5 个按键，可以一起处理。

程序代码【2】处的赋值语句描述了当 3 个寄存器中有 2 个寄存器的值是 1 时，就可以判定按键是在按下的状态（输出为 1），其中排除 101 这个状态（这个状态不应存在）。

代码编写完成后就可将整个工程生成 IP 核供后续使用。

如果对设计还有顾虑，可以进行仿真验证。但这里的仿真代码有一定的难度，要模拟按键的抖动。［程序实例 6.2］是笔者设计的仿真程序，提供给读者参考。

［程序实例 6.2］　按键消抖仿真示例代码

```
module sim1;
  reg clk = 0;                                              【1】
  reg btn_clk = 0;
    reg[4:0]btn_in = 0;
  wire[4:0]btn_out;
  reg[13:0]cnt = 0;                                         【2】
ip_ajxd uut(                                                【3】
    btn_clk,
    btn_in,
    btn_out
    );
always # 1                                                 【4】
begin
        clk = ~ clk;
end;
always@(posedge clk)                                       【5】
begin
    if((cnt&13'h3FF) = = 0)//1024 个计数值周期代表 10ms,每个计数值约为 0.01ms
                                                           【6】
    begin
      btn_clk = ~ btn_clk;
    end
    else
      btn_clk = btn_clk;
    if (cnt < 1000) btn_in = 0;                            【7】
      else if(cnt < 3000) btn_in = ~ btn_in;
        else if(cnt < 8000) btn_in = 5'b11111;
          else if(cnt < 10000) btn_in = ~ btn_in;
            else btn_in = 0;
      cnt = cnt + 1'b1;
end
endmodule
```

仿真代码中 clk 寄存器的定义是为了产生 1 个高频时钟。见【1】。

寄存器 cnt 是 14 位的寄存器。14 位的寄存器能够存储的数值是 0 ~ 16383,共 16384 个数值。见【2】。

程序代码【3】调用设计好的被仿真模块 ip_ajxd。

程序代码【4】生成高频时钟 clk。

程序代码【5】在高频时钟 clk 上升沿执行块内的语句。因为要产生高频的抖动脉冲，必须用高频时钟激励。

程序代码【6】当每次 cnt 的低 10 位都是 0 的时候，也就是每 1024 个 clk 时钟时，将 btn_clk 翻转，因为 2 次翻转组成 btn_clk 的一个周期，而 btn_clk 的一个周期大约是 20ms，所以每个 clk 时钟周期大约是 0.01ms，也就是说后面模拟的抖动脉冲周期大约是 0.02ms。因为是仿真，所有的值都是相对的即可，也不需要精确。

代码【7】是为了给出模拟的按键按下和松开波形。

之后进行仿真，得到图 6-2 所示的结果。

图 6-2　按键去抖动仿真结果

由图 6-2 所示的仿真结果可见，密集的脉冲干扰（波形放大后可查看脉冲细节）被滤除，btn_out 输出了干净的波形。

仿真验证无误之后，就可以放心地将该工程制作成 IP 核供以后使用了。

6.1.2　秒表综合设计

1. 新建工程 p_clock

1）显示 IP 核输入时钟 50MHz，输入 16 位的显示数据（4 位一组），输出段码及位码驱动。

2）按键处理 IP 核输入 20Hz 时钟，输出消抖后的按键波形。

因为时钟向导在输入时钟 50MHz 时不能产生过低的时钟输出，因此不采用时钟向导 IP 核进行分频，而自行设计分频。

图 6-3 中加入 2 个 IP 目录，分别是设计好的动态显示 IP 和按键消抖 IP。之后依次将这 2 个 IP 从 IP 目录（IP Catalog）中加入工程，并分别生成（Generate）实例。注意，动态显示 IP 核实例化时的参数应为 25000。

2. 秒表程序设计

分频获得周期 1000Hz（1ms）的时钟和 50Hz（20ms）的时钟。

将 20ms 的时钟送按键消抖处理 IP 核实例，对 1ms 的时钟进行计数，获得秒及十秒、分、十分。

对按键消抖 IP 核实例模块的输出进行处理，在 1000Hz（1ms）的时钟的上升沿，采用移位寄存器的方式获得当前和上一次时钟沿的按键值，如果当前值为 1 而上一次的值为 0，得到时钟上升沿，并将该信号保持 1ms 到下一次时钟到来才更新。

当拨码开关 0 为低电平时，运行在时间显示模式，按任何按键无效；当拨码开关 0 为高

图 6-3　加入的 IP 目录

电平时，停止更新秒表计时，而由对应按键按下一次，将对应位（十分、分、十秒、秒）
加 1，如果按复位按键，将所有位清 0。这个逻辑可以采用 if 语句实现。

由此编写代码实现电子秒表，代码如 [程序实例 6.3] 所示。

[程序实例 6.3]　电子秒表示例代码

```verilog
module v1(
    input clk,
    input[7:0]sw,
    input[4:0]btn,
    output[7:0]seg,
    output[3:0]an,
    output[7:0]led
    );
    reg[7:0]led;
    reg[31:0]divclk_cnt = 0;
    reg[31:0]btnclk_cnt = 0;
    reg divclk = 0;
    reg btnclk = 0;
    reg[9:0]ms = 0;
    wire[15:0]dispdata;
    wire[4:0]btnout;
    reg[4:0]btn_out0, btn_out1, btn_down;
    reg[3:0]sec_l = 0, sec_h = 0, min_l = 0, min_h = 0;//秒,十秒, 毫秒,十毫秒
    assign dispdata = {min_h, min_l, sec_h, sec_l};//拼接为 16 位
```

```verilog
ip_disp_0 uut_disp(//调用显示 IP
  . clk( clk) ,
  . rst(0) ,
  . dispdata( dispdata) ,
  . seg( seg) ,
  . an( an)
);
ip_ajxd_0 uut_ajxd(//调用按键消抖 IP
  . btn_clk( btnclk) ,
  . btn_in( btn) ,
  . btn_out( btnout)
);
always@ ( posedge clk) //把系统时钟分频 50000/2 = 25000
begin
    led = sw;
    if( divclk_cnt = = 26'd25000)
    begin
      divclk = ~ divclk;
      divclk_cnt = 0;
    end
    else
    begin
      divclk_cnt = divclk_cnt + 1'b1;
    end
end
always@ ( posedge clk) //50M/50 = 1M/2 = 500000
begin
    if( btnclk_cnt = = 500000)
    begin
      btnclk = ~ btnclk;
      btnclk_cnt = 0;
    end
    else
    begin
      btnclk_cnt = btnclk_cnt + 1'b1;
    end
end
always@ ( posedge divclk)//将按键上升沿转换为 1ms 的高电平
```

```
begin
    btn_out0 < = btnout;
    btn_out1 < = btn_out0;
    btn_down < = btn_out0& ~ btn_out1;
end
always@ ( posedge divclk)//每毫秒处理计时和设置
begin
  if( sw[ 0] = =0) //显示时间
  begin
    ms = ms +1;
    if( ms = =1000)
    begin
      ms =0;
      sec_l = sec_l +1;
    end
        if( sec_l = =10)        //如果秒个位到 10,则秒十位加 1,秒个位置为 0
    begin
      sec_l =0;
      sec_h = sec_h +1;
      if( sec_h = =6)        //如果秒十位到 6,则分个位加 1,秒十位置为 0
      begin
        min_l = min_l +1;
        sec_h =0;
        if( min_l = =10)        //如果分个位到 10,则分十位加 1,分个位置为 0
        begin
          min_h = min_h +1;
          min_l =0;
          if( min_h = =6)        //如果分十位到 6,则分十位置为 0
              min_h =0;
        end
      end
    end
  end
  else//设置时间
  begin
    if( btn_down[ 0] = =1)//复位按键
    begin
        sec_l =0;
```

```
                    sec_h = 0;
                    min_l = 0;
                    min_h = 0;
                    ms = 0;
            end else
                        if(btn_down[1] = = 1)   //调整时钟秒十位
                        begin
                            sec_h = sec_h +1;
                            if(sec_h = = 6) sec_h = 0;
                        end else
                        if (btn_down[2] = = 1)        //调整时钟分个位
                        begin
                            min_l = min_l +1;
                            if(min_l = = 10) min_l = 0;
                        end else
                        if(btn_down[3] = = 1)        //调整时钟分十位
                        begin
                            min_h = min_h +1;
                            if(min_h = = 10) min_h = 0;
                        end else
                        if (btn_down[4] = = 1)        //调整时钟秒个位
                        begin
                            sec_l = sec_l +1;
                            if(sec_l = = 10) sec_l = 0;
                        end
                end
            end
        endmodule
```

代码编写完成后编写约束文件，综合、实现并生成比特流文件，下载到实验板测试通过，图 6-4 为下载后运行的结果。

现在拨码开关 0 的位置输出的电平为低电平，电子秒表工作在时间显示模式，当前的时间是 16 分 5 秒。将拨码开关 0 拨动到下面，计时停止。这时按中间按键清 0，显示 0000；按右侧按键最高位（十分位）增加，增加到 5 后再按回到 0；按左侧按键次高位（分位）增加，增加到 9 后再按回到 0；按上方按键次低位（十秒位）增加，增加到 5 后再按回到 0；按下方按键最低位（秒位）增加，增加到 9 后再按回到 0。

当按键一直按着时，只增加一次，且每次按键按下都会有反应，说明对按键的消抖和处理成功。

将拨码开关 0 拨动到上面，继续从当前设置的数值开始计时显示。

图 6-4 按键去抖动仿真结果

本节问题:

1）代码中为什么要生成 1ms 的按键有效信号,如果是 3ms 将会得到什么样的结果: ___

2）如果以分为单位显示,如何设计和调整代码: ___

3）如果在计时的过程中按键可调整时间,如何设计和调整代码: ___

4）画出状态转移图:

6.2 UART 串行接口设计及通信实现

通用异步收发传输器（Universal Asynchronous Receiver/Transmitter，UART），将要传输的数据在串行通信与并行通信之间加以转换。作为把并行输入信号转换成串行输出信号的芯片，UART 通常用于和其他设备的通信。

掌握了基本的异步串行接口的设计，就完全有能力开发 SPI、I²C 或其他接口，通过设计接口及进行实验测试，还能够更好地掌握微处理器及嵌入式系统设计中的接口概念。

6.2.1 异步串行接口原理分析

1. 串行通信电气特性

通常，UART 串行接口采用 RS-232-C 电气标准进行通信。RS-232-C 是美国电子工业协会（Electronic Industry Association，EIA）制定的一种串行物理接口标准。对于一般的通信，不需要掌握 RS-232-C 的所有信号的定义，只需要使用其中的 2 个信号 TXD（数据发送）和 RXD（数据接收）；另外，参加通信的设备要将 GND（地）连到一起（共地）。

数据线 TXD 和 RXD 的电平标准为：

逻辑 1 = -3 ~ -15V

逻辑 0 = +3 ~ +15V

RS-232-C 标准规定的数据传输速率为 50、75、100、150、300、600、1200、2400、4800、9600、19200、38400 波特，目前最高可达 56kbit/s。如果波特率为 9600，那么发送和接收数据都应该为 9600bit/s（9600 位/秒）。本节采用 9600bit/s 进行通信。

波特率是衡量资料传送速率的指标，表示每秒传送的符号（Symbol）数。在本节的应用中，每秒传输 9600 个比特，就是 9600 个符号，因此波特率等于比特率。

2. UART 串行数据格式

UART 作为异步串口通信协议的一种，工作原理是将传输数据的每个字符一位接一位地传输。其中各位的意义如下：

起始位：先发出一个逻辑 "0" 的信号，表示传输字符的开始。也就是说，当接收方收到 1 个 0 时，表示有数据要送过来了。

数据位：紧接着起始位之后是发送的数据。数据位的个数可以是 4、5、6、7、8 等，构成一个字符。从最低位开始传送，靠时钟定位。在本节中采用 8 位数据位。

奇偶校验位：数据位加上这一位后，使得 "1" 的位数应为偶数的称为偶校验，使得 "1" 的位数应为奇数的称为奇校验，接收方以此来校验资料传送的正确性。例如，如果发送方和接收方协定使用奇校验，但是接收方在获得一个串口发来的字符及校验位后，发现 1 的个数是偶数，那么数据传输肯定出现了问题。在本节中使用偶校验。

停止位：一个字符数据的结束标志，可以是 1 位、1.5 位、2 位的高电平。由于数据是在传输线上定时的，并且每个设备有其自己的时钟，很可能在通信中两个设备间出现了小小的不同步，因此停止位不仅仅是表示传输的结束，并且提供通信中校正时钟同步的机会，因为在停止位之后，下次数据的发送和接收又重新开始了。在本节中使用 1 位停止位。

空闲位：处于逻辑 "1" 状态，可以当作停止位的继续，表示当前线路上没有数据传送。

表 6-1 描述了 UART 通信的格式。

表 6-1　串行传输格式和示例

位序号	0	1	2	3	4	5	6	7	8	9	10
格式	起始位	D0	D1	D2	D3	D4	D5	D6	D7	P	停止位
0x55	0	1	0	1	0	1	0	1	0	0	1
0x56	0	0	1	1	0	1	0	1	0	0	1
0x57	0	1	1	1	0	1	0	1	0	1	1
0x58	0	0	0	0	1	1	0	1	0	1	1

在发送数据时，以 0x55 为例，首先发送一个周期的起始位 0。起始位的持续时间应为波特率分之一秒，这里是 1/9600s，以后各位也是这样。然后是从数据的最低位开始发送，0x55 的二进制是 01010101，因此发送的顺序如表 6-1 所示。接着位 9 发送偶校验位，因为已经有 4 个 1，所以位 9 应该发送 0。最后位 10 发送停止位 1。

之后 TXD 上应该一直保持位 1，直到发送另一个字符，又开始发送位 0 起始位。

3. 通信的安全性问题

串行异步通信，发送方和接收方使用各自的时钟，如 FPGA 电路板和计算机之间的通信，因此不能保证两者的时钟完全相同。

为保证接收数据的准确性，需要用较高的采样率进行采样，本节采用 16 倍的采样率进行采样，简单地选取中间采样点的值作为接收的数据。图 6-5 中采用 16 倍波特率的采样率执行采样，一个比特可采集 16 个点，选取中间点即从第 1 个采样点开始的第 8 或第 9 个采样点（笑脸附近上升沿）采集该位数据，在发送和接收双方始终频率相差不大的情况下，能够正确地完成通信。

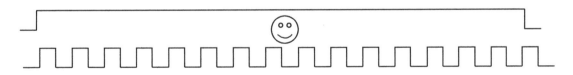

图 6-5　16 倍波特率进行采集

当波特率是 9600bit/s 时，图 6-5 的上部分波形代表一个比特的数据持续时间是 1/9600s，大约 0.1042ms；下部分的采样波形每个周期是 1/(9600×16) s，大约 6.51μs。

在以上原理的基础上执行下一步的设计，首先要设计波特率发生模块。

6.2.2　波特率及其他时钟信号发生模块设计

要以 9600bit/s 的速率发送数据，并同时完成数据采样的功能，就要产生 9600Hz 的时钟以及 16×9600Hz 的时钟。产生这些时钟信号的模块就称为波特率发生器。另外，显示模块需要 1000Hz 的时钟，按键消抖模块需要 50Hz 的时钟，因此在建立工程后，单独新建文件 divclk.v 实现时钟分频。文件 divclk.v 只有一个模块 divclk，因为功能比较特殊不封装为 IP 核，在工程其他文件中可以调用该模块生成 4 种时钟信号。该模块的输入就是 50MHz 的时钟信号。文件 divclk.v 的代码如 [程序实例 6.4] 所示。

[程序实例 6.4] 波特率及其他时钟信号发生模块部分代码

```
module divclk(
    clk,clk_ms,btnclk,clk_16x,clk_x
);
input clk;
output clk_ms,btnclk,clk_16x,clk_x;
…… 变量定义省略
…… 1000Hz 和 50Hz 产生部分省略

        always @ (posedge clk)//9.6k * 16 = 153.6k    50M/153.6k≈325.5≈326    【1】
        begin
            if(cnt2 = = 'd163)
            begin
                    cnt2 < = 1'd0;
                    clk_16x < = ~ clk_16x;

            end
            else
                    cnt2 < = cnt2 + 1'd1;
        end

        always @ (posedge clk) //50M/9600 = 5208                    【2】
        begin
            if(cnt3 = = 'd2604)
            begin
                clk_x < = ~ clk_x;
                cnt3 < =0;
            end
            else
            begin
                cnt3 < = cnt3 + 1'b1;
            end
        end
endmodule
```

模块 divclk 输入 50MHz 时钟信号，输出 clk_ms 为 1000Hz，输出 btnclk 为 50Hz，输出 clk_16x 为 9600×16Hz，输出 clk_x 为 9600Hz。

计数值的最大值 CNTMAX 计算方法为 CNTMAX = 50M/（输出信号的时钟频率×2）。因此，当输出信号的时钟频率为 9600Hz 时，计算得 CNTMAX≈2604；同理，输出信号的时钟频率为 9600×16Hz 时，计算得 CNTMAX≈163。

编写完成后保存，下一步新建并编写串口发送程序 uart_tx.v。

6.2.3　串行发送程序设计

根据 6.2.1 小节的串行异步通信原理，设计状态图，如图 6-6 所示。

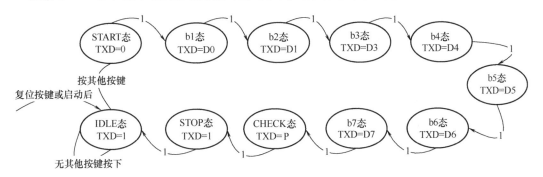

图 6-6　发送程序状态图

系统启动后进入空闲态 IDLE，如果按了实验电路板中间的按键也可以进入 IDLE 状态。如果有任何的其他按键按下，开始发送数据，数据为拨码开关设置的 8 位数值，在时钟的有效边沿进入 START 状态发送起始位。时钟选用 clk_x 约 9600Hz。

在 START 状态下发送 0，在下一个时钟进入状态 b1，发送数据的最低位 D0，之后在时钟的作用下依次发送 D1D2⋯D7。接着进入 CHECK 态发送校验位，校验位应为 D0 ~ D7 的异或。之后进入 STOP 态发送 1，然后回到空闲态。

按以上状态图设计可以编写程序实现数据发送，程序代码如［程序实例 6.5］所示。

［程序实例 6.5］　UART 数据发送代码

```
module uart_tx(clk_x,data_in,btn,txd,led);
    input clk_x;
    input[7:0]data_in;
    input[4:0]btn;
    output txd;
output[7:0]led;
reg[7:0]led;
    reg txd = 1;
    reg[10:0]clk_x_cnt = 0;
    reg[7:0]data_in_buf;
    reg[4:0]btn_out0,btn_out1,btn_down;
    parameter idle = 5'b00000,start = 5'b00001,b0 = 5'b00011,b1 = 5'b00010,b2 = 5'b00110,
        b3 = 5'b00111, b4 = 5'b00101, b5 = 5'b00100, b6 = 5'b01100, b7 = 5'b01101,
        check = 5'b01111, stop = 5'b01110;
reg[4:0]present_state = idle;
always @ (posedge clk_x)
```

```
        begin
btn_out0 < = btn;                                              【1】
    btn_out1 < = btn_out0;
    btn_down < = btn_out0& ~ btn_out1;
    led[4:0] < = present_state;//将状态信息送 LED 显示
    if ( btn_down[0]) //复位                                    【2】
    begin
      present_state < = idle;
      led[6] < = 0;//指示空闲状态
      clk_x_cnt < = 'd0;
      txd < = 1;
    end
  else
  begin
led[6] < = 0;//指示开始发送数据
case(present_state)                                            【3】
      idle:  begin          // 空闲状态
                txd < = 1;
                data_in_buf < = data_in;
                led[6] < = 0;
                if(btn_down[4:1] > 0) //如果有按键按下
                    present_state < = start;
                else
                    present_state < = idle;
          end
      start: begin
                led[6] < = 1;//指示正在发送数据
                txd < = 'd0;  //发送起始位
                present_state < = b0;
          end
      b0:  begin
                txd < = data_in_buf[0];  //发送位 0
                present_state < = b1;
          end
      b1:  begin
                txd < = data_in_buf[1];  //发送位 1
                present_state < = b2;
          end
```

```
        b2：  begin
                    txd < = data_in_buf[2];//发送位 2
                    present_state < = b3;
            end
        b3：  begin
                    txd < = data_in_buf[3];//发送位 3
                    present_state < = b4;
            end
        b4：  begin
                    txd < = data_in_buf[4];//发送位 4
                    present_state < = b5;
            end
        b5：  begin
                    txd < = data_in_buf[5];  //发送位 5
                    present_state < = b6;
            end
        b6：  begin
                    txd < = data_in_buf[6];  //发送位 6
                    present_state < = b7;
            end
        b7：  begin
                    txd < = data_in_buf[7];//发送位 7
                    present_state < = check;
            end
        check：  begin    //发送偶校验位
                    txd < =
data_in_buf[7]^data_in_buf[6]^data_in_buf[5]^data_in_buf[4]^data_in_buf[3]^data_in_buf
[2]^data_in_buf[1]^data_in_buf[0];
                    present_state < = stop;
                end
        stop：  begin
                txd < = 'd1;//发送停止位
                led[6] < =0;//指示发送数据完成
                present_state < = idle;//回到空闲态
                end
            endcase
        end
    end
endmodule
```

[程序实例6.5] 异步串行数据发送代码中, 端口 data_in 获取要发送的数据, 如果改变它的输入值, 就改变了发送到串口的数据。其实, 这就是微机原理或嵌入式设计等课程中学习的数据输入寄存器, 它是确实存在的硬件寄存器, 可以由 8 位的 D 触发器实现。时钟是必须输入的, 这里的时钟输入的频率就等于波特率即 9600Hz。送出模块的信号 TXD 是必须要有的, 是 1 位的输出端口。因此实际上设计的是并行到串行的转换设备。按键 btn 输入是用来启动数据发送的, 5 个按键中按键 0 负责复位, 其他按键按任何一个都启动发送。LED 是用来指示的, 帮助调试, 如果按键后看到 LED 闪烁起码说明模块是跑起来了。

如果设计成 IP 核, 那么应该去掉 5 位的按键输入, 增加一复位输入和使能输入, 使能有效 1 次就发送 1 次数据。另外, LED 接口就可以去掉或增加一个工作指示输出。

【1】处的代码是用来处理按键的, 将按键上升沿转换为 1/9600s 的高电平, 保证每个上升沿只被处理一次。

程序代码【2】处判断是否复位, 如果复位键被按下就会将状态寄存器 present_state 赋值为 IDLE, 而 IDLE 在前面的参数处被设置了值。这里状态寄存器的值其实是被送出了的, 在 LED [4:0], 所以读输出端口的 LED [4:0] 就可以获得当前这个串口外设的状态。这就是微机原理中的状态寄存器, 也是由触发器实现的。

如果复位键没有按下, 则进入【3】处的 case 语句, 根据当前的状态, 决定输出和下一状态。如果不对状态进行赋值, 那么就不会进入下一状态, 图 6-6 所示的状态图就运行不起来了。这样, 依次发送起始位、数据位 8 个、校验位 1 个、停止位 1 个后, 回到空闲状态, 边发送 1 边等待着按键的按下。当按键再次被按下后, 又进入 START 状态。

串行发送程序编写好后, 新建一程序 uart_rx.v, 构建数据接收模块。

6.2.4 串行接收程序设计

首先注意为了保证数据接收的准确性, 串行接收程序必须不停地监视起始位 (第 1 个 0) 的到来, 这里采用 16 倍于波特率的频率的时钟 clk_16x 进行采样, 然后在第 8 个周期采集数据值。

根据 6.2.1 小节的串行异步通信原理, 设计串行接收状态图, 如图 6-7 所示。

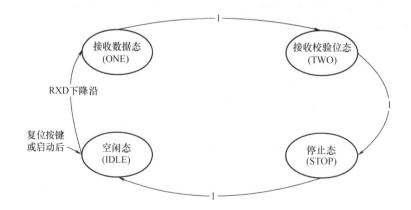

图 6-7 接收程序简化状态图

由图 6-7 可知, 将串行接收状态划分为 4 个主要的状态。系统启动后进入空闲态 IDLE,

如果捕捉到了 RXD 信号的下降沿，开始接收数据启动计数。因为这里是启动信号 0 的开始，所以沿后 24 个时钟，24 = 16 + 8，就大约到了数据位 0 的中间，在这个时间点上才转换到接收数据态 ONE。

在接收数据态 ONE，每隔 16 个时钟，就采集一次数据，分别存放到寄存器 data_out 的对应位。在第 136 分时钟开始之后的 16 个时钟，处于检查校验的状态 TWO，判断校验是否有误，如果有误，则置位校验出错信号 data_error，如果无误，则置位数据准备好信号 data_ready。

之后进入 STOP 状态，等待时钟计数到 168，清时钟计数回到 IDLE 态继续检测串行输入 RXD 信号的到来。

按以上分析编写程序实现串行接收，程序代码如［程序实例 6.6］所示。

［程序实例 6.6］　UART 串行接收代码

```
module uart_rx(clk_16x,rst,rxd,data_disp,data_ready,data_error);//接收器设计
input clk_16x;//16 倍的波特率采样时钟信号
input rst;//复位信号
input rxd;//接收串行数据输入
output data_ready;//数据准备好信号,当 data_ready = 1 时,提醒后级设备可以接收这 8
位数据
output data_error;//奇偶校验错
output[15:0]data_disp;
reg data_ready,data_error;
reg[7:0]data_out,data_out1;
reg rxd_buf;
reg[15:0]clk_16x_cnt;
reg rxd1,rxd2;
reg start_flag;
parameter width = 3;
parameter idle = 1,one = 2,two = 3,stop = 4;//状态机的 4 个状态
reg[width-1:0]present_state,next_state;//状态机当前状态和下一个状态
assign data_disp[15:8] = 0;
assign data_disp[7:0] = data_out1;
initial //执行初始化
begin
    clk_16x_cnt = 0;
    present_state = idle;
    next_state = idle;
    rxd1 = 1'd1;
    rxd2 = 1'd1;
    data_ready = 'd0;
    start_flag = 0;
```

```
end
always@(posedge clk_16x) //根据是否有复位更新状态机的当前状态
begin
            if(rst) present_state < = idle;
        else present_state < = next_state;
end
always@(clk_16x_cnt) //根据当前状态机的状态和判断条件,决定状态机的下一个状态
begin
    if(clk_16x_cnt < = 'd8) //检验起始位条件
            next_state = idle;
    if(clk_16x_cnt > 'd8 && clk_16x_cnt < = 'd136) //接收 8 位数据条件
            next_state = one;
    if(clk_16x_cnt > 'd136 && clk_16x_cnt < = 'd152) //奇偶校验位条件
            next_state = two;
    if(clk_16x_cnt > 'd152 && clk_16x_cnt < = 'd168) //检验停止位条件
            next_state = stop;
    if(clk_16x_cnt > 'd168)
            next_state = idle;
end
always @ (posedge clk_16x) //根据当前状态机的状态, 决定输出
begin
if(rst)
    begin
            rxd1 < = 1'd1;
            rxd2 < = 1'd1;
            data_ready < = 'd0;
            clk_16x_cnt < = 'd0;
            start_flag < = 0;
    end
else
    begin
            case(present_state)
            idle:begin //检测开始位
                    rxd1 < = rxd;
                    rxd2 < = rxd1;
                    if((~rxd1) && rxd2) //检测开始位, rxd 是否由高电平跳变
                                到低电平
                        start_flag < = 'd1;
```

```
                              else
                                 if( start_flag = = 1 )
                                     clk_16x_cnt < = clk_16x_cnt + 'd1 ;
                      end
          one : begin//接收 8 位数据
                      clk_16x_cnt < = clk_16x_cnt + 'd1 ;
                      if( clk_16x_cnt = = 'd24 ) data_out[0] < = rxd ;
                      else if( clk_16x_cnt = = 'd40 ) data_out[1] < = rxd ;
                      else if( clk_16x_cnt = = 'd56 ) data_out[2] < = rxd ;
                      else if( clk_16x_cnt = = 'd72 ) data_out[3] < = rxd ;
                      else if( clk_16x_cnt = = 'd88 ) data_out[4] < = rxd ;
                      else if( clk_16x_cnt = = 'd104 ) data_out[5] < = rxd ;
                      else if( clk_16x_cnt = = 'd120 ) data_out[6] < = rxd ;
                      else if( clk_16x_cnt = = 'd136 ) data_out[7] < = rxd ;
                  end
          two : begin//奇偶校验位
                      if( clk_16x_cnt = = 'd152 )
                      begin
                        if( rxd_buf = = rxd ) data_error < = 1'd0 ;//无错误
                      else   data_error < = 1'd1 ;//有错误
                      end
                      clk_16x_cnt < = clk_16x_cnt + 'd1 ;
                  end
          stop : begin                //停止位
                      if( clk_16x_cnt = = 'd168 )
                      begin
                          if( 1'd1 = = rxd )
                              begin
                                  data_error < = 1'd0 ;//无错误
                                  data_ready < = 'd1 ;
                              end
                          else
                              begin
                                  data_error < = 1'd1 ;//有错误
                                  data_ready < = 'd0 ;
                              end
                      end
                      data_out1 < = data_out ;
```

```
                              if( clk_16x_cnt > 168)
                              begin
                                  clk_16x_cnt < = 0;
                                  start_flag < = 0;
                              end
                              else
                                  clk_16x_cnt < = clk_16x_cnt + 'd1;
                          end
                      endcase
                  end
              end
          endmodule
```

6.2.5 串行通信顶层程序设计

现在加入了 2 个 IP 核，即按键消抖 IP 和动态显示 IP，分别使用单独的文件编写了串行接收程序、串行发送程序、波特率和其他时钟发生程序，需要开发顶层 Verilog HDL 程序将它们组装起来。新建一顶层程序 v1.v，代码如 [程序实例 6.7] 所示。

[程序实例 6.7] 串行通信工程 p_ uart 顶层 Verilog HDL 程序代码

```
      module v1(
      input clk,
      input[7:0]sw,
      input[4:0]btn,
      output[7:0]seg,
      output[3:0]an,
      output[7:0]led,
      output txd,
      input rxd
      );
  wire clk_ms,clk_20ms,clk_16x,clk_x;
  wire[4:0]btnout;
  wire[15:0]data_disp;
  wire data_ready;
  wire data_error;
  divclk my_divclk(. clk(clk),. clk_ms(clk_ms),. btnclk(clk_20ms),. clk_16x(clk_16x),
. clk_x(clk_x));     //调用分频模块
  ip_disp_0 uut_disp(//调用显示 IP
    . clk(clk),
```

```
        . rst(0),
        . dispdata({data_disp[7:0],sw[7:0]}),
        . seg(seg),
        . an(an)
        );
   ip_ajxd_0 uut_ajxd(//调用按键消抖 IP
        . btn_clk(clk_20ms),
        . btn_in(btn),
        . btn_out(btnout)
        );
   uart_tx (. clk_x(clk_x),. data_in(sw[7:0]),. btn(btnout),. txd(txd),. led(led));
//调用串口发送模块

uart_rx(. clk_16x(clk_16x),. rst(btnout[0]),. rxd(rxd),. data_disp(data_disp),. data_ready
(data_ready),. data_error(data_error));//调用串口接收模块

   endmodule
```

顶层模块实现了 5 个模块的连接，串口获得的数据被直接送到高位的 2 个数码管显示，拨码开关的位置信息组合成 8 位二进制数，按键后被发送模块发送出去，并将该值送到低位的 2 个数码管显示。如图 6-8 所示，查看综合后的电路图，所有模块一目了然。

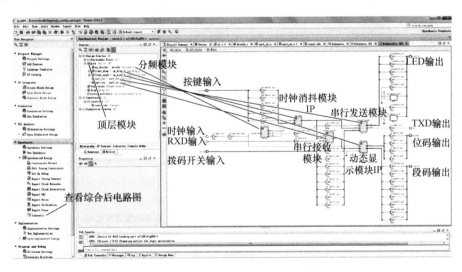

图 6-8　综合后电路图和工程一览

之后编写约束文件，实现综合、编译和比特流文件生成，下载到实验板，进行测试。

6.2.6　串行通信功能测试

可以采用两种测试方案。

1）将实验板 TXD 和 RXD 用杜邦线短接，这样发送的数据就送回到实验板。拨动拨码

开关，设置发送值为 0xA3（见图 6-9 左），低位 2 个数码管显示 A3，高位 2 个显示 00。按键后（见图 6-9 右），高位的数码管也显示 A3，数据发送和接收成功。

图 6-9　将 TXD 和 RXD 短接测试

2）将实验板 TXD 和 RXD 间的短接杜邦线拿掉，在黑色的串口母座上插入串口线，与计算机相连。如果计算机没有串口，需使用 USB 转串口设备扩展串口。对于使用 USB 转串口的实验板直接使用 USB 接口与计算机相连。

如图 6-10 所示，按键 5 次后计算机上运行的串口调试助手显示接收了 5 个 A3，按串口调试助手"手动发送"按键，实验板如实地接收到并显示 b5。

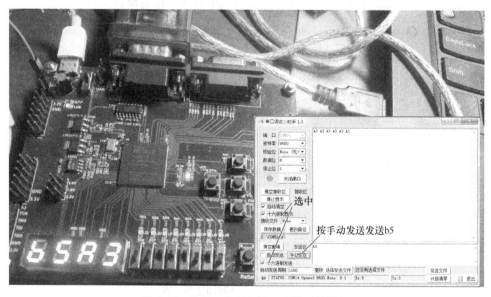

图 6-10　使用 RS-232 接口连接到计算机

本节内容相对比较复杂，在实践中建议先实现和验证串行发送，验证成功后再添加串行接收部分。下一章将进入图片显示实践。

本节问题：

1）UART 异步串行通信的基本原理：_____

2）如果波特率为 115200，哪些部分需要修改：_____

3）如何使用参数实现波特率可配置：_____

4）如果将串行发送部分加入使能端，使能有效才能进行数据发送。如何实现：_____

5）串行接收部分，当发送方和接收方的频率相差多大时，将不能接收到正确的结果？
为什么：_____

6）将 UART 通信做成 IP 核，需要使能端（CE）、时钟输入、数据输入和输出端口，以
及 TXD 和 RXD，简述如何进行设计：_____

习题

1）编写代码，实现时钟输入的 1024 分频。

2）简述 6.1 节电子秒表设计的模块结构，描述各模块的连接关系。

3）设计和实现倒计时的电子秒表。（可选自主设计综合实验）

4）设计和实现加法器，使用数码管显示结果。（可选实验）

5）调用 IP 核，设计和实现减法器，使用数码管显示结果。（可选实验）

6）串行异步通信中，如果发送数据位数为 7 位，奇校验，如何修改 6.2 节的串口发送
程序代码？

7）串行异步通信中，如果发送数据位数为 7 位，奇校验，如何修改 6.2 节的串口接收
程序代码？

8）如果波特率为 19200，如何修改 6.2 节的代码？（可选实验）

9）实现波特率可配置的串行发送接口，如何设计实现？（可选实验）

10）通过网络或其他资源研究 SPI 接口协议，设计和实现 SPI 接口。（可选挑战型实验）

11）通过网络或其他资源研究 I^2C 接口协议，设计和实现 I^2C 接口。（可选挑战型实验）

第 7 章

FPGA进阶——XADC、BRAM原理及电压表、示波器设计

现实生活中各种信号都是模拟的，如音量、温度、空气质量、电压等都是模拟信号，通过传感器可以将各种模拟信号转换成电压信号，再通过 ADC 就可以将模拟量转换成数字量，而 FPGA 及嵌入式系统、计算机系统能够处理的是二进制表示的数字量，因此 ADC 无疑是从模拟世界通向数字世界的桥梁。每个 Xilinx 7 系列 FPGA 具备两个双 12 位 1 MSPS（每秒采集 1 百万次）的模/数转换器 XADC，另外还具有片上温度计电压传感器，通过多路选择开关，可以实现对芯片引脚介入的 17 路模拟信号和内部的 6 路信号（如内核电压、温度等）分时进行采集及转换，并可自动实现对多次采集结果的平均以去掉噪声。双 ADC 还支持多种操作模式及差分和单极性输入信号。

XADC 功能存在于所有 Artix ®-7、Kintex ®-7、Virtex ®-7 和 Zynq ®-7000 器件，另外，部分的 Spartan ®-7 系列器件也具备 XADC。

块内存 BRAM 也是 7 系列 FPGA 的一大特色，可以实现真双端口的内存，每个端口的读/写是独立的，这就非常适合做显示内存。

通过本章的学习，将掌握 7 系列 FPGA 芯片的 XADC 及 BRAM 的基本结构，了解其基本操作模式，然后在这个基础上进一步掌握使用 Virilog 语言和 IP 核等技术进行模拟量采集及存储器访问的项目开发，并实现一个模拟量采集实例及一个示波器实例。

7.1 XADC 基本结构及寄存器

本节从 XADC 逻辑结构开始，内容包括 XADC 对外接口、XADC 的端口说明及内部寄存器的说明。这些内容对于高效应用 XADC 进行模拟信号采集具有重要意义。

7.1.1 XADC 逻辑结构

如图 7-1 所示，1 为温度传感器；2 为电压传感器；3 为参考电压，当使用内部参考源时，产生 1.25V 的参考电压；4 和 5 为多路选择器，选择 16 路辅助模拟输入通道及 1 路常规通道送到两个 ADC（6 和 7）；8 为两个寄存器，一个是控制寄存器，一个是状态寄存器，都是 64 个半字的寄存器。

7.1.2 XADC 对外连接说明

所有 XADC 专用引脚位于区 0 中，因此这些引脚具有_0 后缀。图 7-2 为 XADC 使用外

参考时的标准电路。

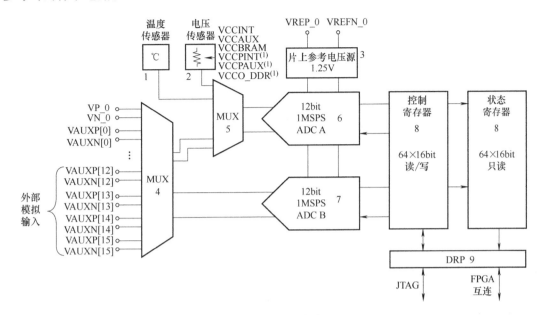

图 7-1　XADC 逻辑框图

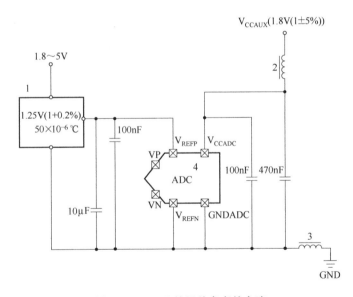

图 7-2　XADC 使用外参考的电路

当使用精确的外参考时，外参考 1 提供参考电压；电感 2 用于电源滤波，电感 3 用于隔离高频噪声；4 为 ADC 核心，V_{REFP} 和 V_{REFN} 连接外参考的电源输出和地，V_{CCADC} 连接外电源，GND ADC 接地，VP 和 VN 用于外部被测量差分电压输入。

当精度要求并不特别高时，可以不使用外参考，连接方法如图 7-3 所示。由于使用内参考，简化了电路的设计，减少了电路的成本，将 V_{REFP} 和 V_{REFN} 都接地。

XADC 引脚的说明见表 7-1。

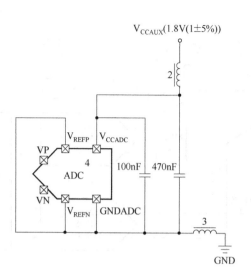

图 7-3 XADC 使用内参考的电路

表 7-1 引脚说明

引 脚	类 型	说 明
VCCADC_0	电源	电源高电平输入 1.8 V
GNDADC_0	电源	电源地
VREFP_0	参考电压	参考电压高电平输入，当使用内部参考时，连接到地
VREFN_0	参考电压	参考电压地
VP_0	专用模拟输入	连接到模拟输入的正极，如果不用就应该接到地
VN_0	专用模拟输入	接模拟地
_AD0P_ ~ _AD15P	辅助模拟输入 /数字 I/O	这些是 16 个多功能引脚，可以用于模拟输入正端或常规的数字 I/O 。FP-GA 的 I/O 引脚如果具备模拟输入的功能，在它的引脚名称上就应该有_ADxP，如 IO_L1P_T0_AD0P_35 可作为辅助模拟输入引脚 VAUXP [0]
_AD0N_ ~ _AD15N	辅助模拟输入 /数字 I/O	这些是 16 个多功能引脚，可以用于模拟地或常规的数字 I/O 。FPGA 的 I/O 引脚如果具备模拟输入的功能，在它的引脚名称上就应该有_ADxN，如 IO_L1P_T0_AD0N_35 可作为辅助模拟输入引脚 VAUXN [0]

除了专用模拟输入对（VP/VN）外，还可使用外部模拟输入双用途 I/O。当 XADC 在设计中实例化时，这些 FPGA 数字 I/O 指定为模拟输入。将这些模拟输入称为辅助模拟输入，即 _AD0P_ ~ _AD15P、_AD0N_ ~ _AD15N，最多可提供 16 个辅助模拟输入。通过连接 XADC 上的模拟输入来启用辅助模拟输入。当启用模拟输入时，这些引脚不可用作数字 I/O。另外，通过 JTAG TAP 预配置也可以启用辅助模拟输入。

所有模拟输入通道都是差分的，需要两个引脚。通常，辅助模拟输入分配在 BANK15 和 35 上。然而，在开发时需要参考 7 系列 FPGA 封装和引脚排列产品中的引脚分布信息。

具备模拟能力的 I/O 在说明文件中的 I/O 名称上具有 ADxP 或 ADxN 后缀。例如，辅助模拟输入通道 8 具有关联的封装引脚名称 AD8P 和 AD8N。

7.1.3　XADC 端口

图 7-4 所示为 XADC 模块的端口，这些端口包括动态可配置端口 DRP、控制和时钟端口、模拟输入端口、报警端口、状态端口。模拟输入端口一共包含 34 个模拟输入信号，全部都可通过对 FPGA 的配置连接到 FPGA 对外的引脚上，模拟输入信号可以直接加载到这些引脚。其他的端口是用来和 FPGA 内部用户设计的其他模块进行信息交互的，通过控制和时钟端口对 XADC 模块提供时钟信号、复位信号和 A-D 转换启动信号，通过动态可重配置端口 DRP 可配置 XADC 模块或获取 A-D 转换结果，通过状态端口可以获取 XADC 的工作状态，通过报警端口可以获得 XADC 模块的报警信息。

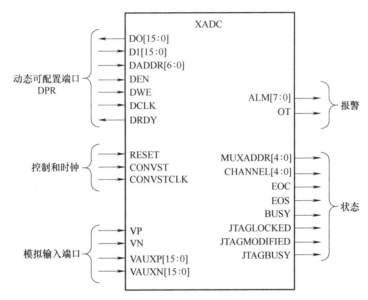

图 7-4　XADC 端口

要对 XADC 进行设计及实现，需要使用 Vivado 的 IP 核，必须熟悉 XADC 的端口。表 7-2 列出了关键的端口并给出了说明。

表 7-2　XADC 关键端口说明

引　　脚	输入/输出	说　　　明
DI [15：0]	输入	DRP 的 16 位数据输入总线
DO [15：0]	输出	DRP 的 16 位数据输出总线
DADDR [6：0]	输入	DRP 的地址总线，7 位地址可以访问的范围是 128 个寄存器
DEN	输入	DRP 使能
DWE	专用模拟输入	DRP 写使能
DCLK	专用模拟输入	DRP 时钟
DRDY	输出	DRP 数据准备好
RESET	输入	异步复位信号
CONVST	输入	A/D 转换启动信号。该信号仅在事件驱动模式有效
CONVSTCLK	输入	A/D 转换启动时钟

（续）

引　　脚	输入/输出	说　　明
VP，VN	输入	专用的模拟差分输入对。当不使用的时候，必须接地
VAUXP［15：0］ VAUXN［15：0］	输入	辅助模拟差分输入对
ALM［7：0］	输出	报警输出
OT	输出	过温报警输出
MUXADDR［4：0］	输出	这些输出用于外部多路选择模式，指示下一要转换的通道的地址
CHANNEL［4：0］	输出	通道选择输出。在 ADC 转换结束后，当前要转换的通道的选择信号
EOC	输出	转换结束信号
EOS	输出	序列结束信号。当所有的通道转换完成后发出该信号
BUSY	输出	ADC 忙信号。ADC 转换过程或校准过程

7.1.4　XADC 状态寄存器和控制寄存器

图 7-5 为 XADC 寄存器及其接口。通过对控制寄存器的设置就能实现对 XADC 的操作和

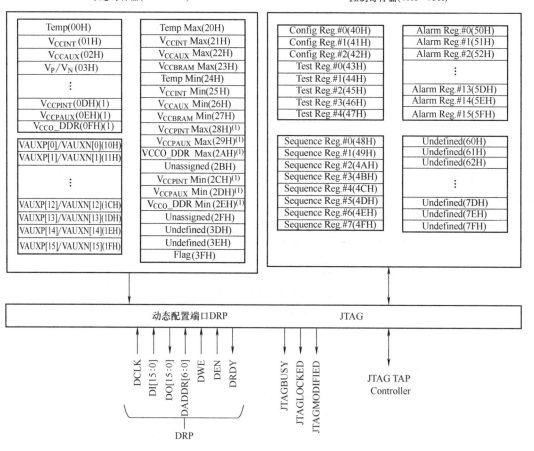

图 7-5　XADC 寄存器及其接口

控制，通过读取状态寄存器就可以获得 XADC 的各种状态。控制寄存器由 32 个 16 位的寄存器组成。很明显，这和 DRP 的 16 位数据总线是一致的，都是 16 位。通过 DRP 或 JTAG 就可以对这些寄存器进行写操作，也就是对 XADC 进行配置。另外，在 FPGA 最初的配置过程中，可以对这些寄存器赋初值，这是对 XADC 进行编程的重要一步。通过 DRP 接口，可以对控制寄存器进行写操作，对状态寄存器进行读操作。

1. 状态寄存器

状态寄存器地址从 00H 到 3FH（DADDR［6：0］=00H to 3FH），一共有 64 个。通过状态寄存器可以获得 XADC 当前的工作状态，以及获取 A/D 转换的结果。例如，ADC 通道 0 是对温度传感器进行采样的通道，转换结果存储在地址为 00H 的状态寄存器中；通道 1 负责对内核电压 VCCINT 进行测量转换，转换结果存储在地址为 01H 的状态寄存器中。因此，要读取芯片的温度，读寄存器 00 的值就可以实现。

表 7-3 按地址列出了所有的状态并给出了说明。表 7-3 中不列出非 7 系列芯片使用的寄存器。

表 7-3　状态寄存器说明

寄　存　器	地　　　址	说　　　明
Temperature	00H	存储芯片温度，高 12 位对应于芯片的温度 温度 T（℃）= 转换结果 ×503.975/4096 - 273.15
VCCINT	01H	内核电压，FFFH 对应 3V
VCCAUX	02H	辅助电路电源电压，FFFH 对应 3V
VP/VN	03H	专用通道转换结果
VREFP	04H	参考输入 VREFP 电压
VREFN	05H	参考输入 VREFN 电压
VCCBRAM	06H	BRAM 电源电压
未定义	07H	未用
Supply A Offset	08H	ADC A 的电源校准偏移
ADC A Offset	09H	ADC A 的校准偏移
ADC A Gain	0AH	ADC A 的增益误差
未定义	0BH~0CH	未用
VAUXP［15：0］/ VAUXN［15：0］	10H~1FH	辅助模拟通道转换结果
Max Temp	20H	芯片启动后的最高温度
Max VCCINT	21H	内核启动后的最高电压
Max VCCAUX	22H	辅助电路电源的最高电压
Max VCCBRAM	23H	BRAM 电压的最高值
Min Temp	24H	芯片启动后的最低温度
Min VCCINT	25H	内核启动后的最低电压
Min VCCAUX	26H	辅助电路电源的最低电压
Min VCCBRAM	27H	BRAM 电压的最低值

（续）

寄 存 器	地 址	说 明
Supply B Offset	30H	ADC B 的电源校准偏移
ADC B Offset	31H	ADC B 的校准偏移
ADC B Gain	32H	ADC B 的增益误差
Flag	3FH	存储状态信息。位 11 为 1 表示禁止 JTAG 访问。位 10 为 1 表示 JATG 访问为只读。位 9 为 1 表示使用内部参考。位 3 为 1 表示过温。B7B6B5B3B2B1B0 分别对应报警输出 ALM [6:0]

寄存器 00H 的温度为

$$温度（℃）=00H 寄存器高 12 位值 \times 503.975/4096 - 273.15$$

例如，如果 00H 的高 12 位为 9D8（十进制 2520），温度为 36.9℃。

寄存器 01H 的内核电压计算方法为

$$内核电压（V）=01H 寄存器高 12 位值 \times 3/4096$$

例如，当 01H 寄存器的高 12 位为 9D8 时，对应的内核电压值为 1V。

XADC 具备校准的功能，通过相应的寄存器就可以读取校准参数，如寄存器 08H 就存储了 ADC A 的电源偏移系数。校准寄存器如图 7-6 所示。

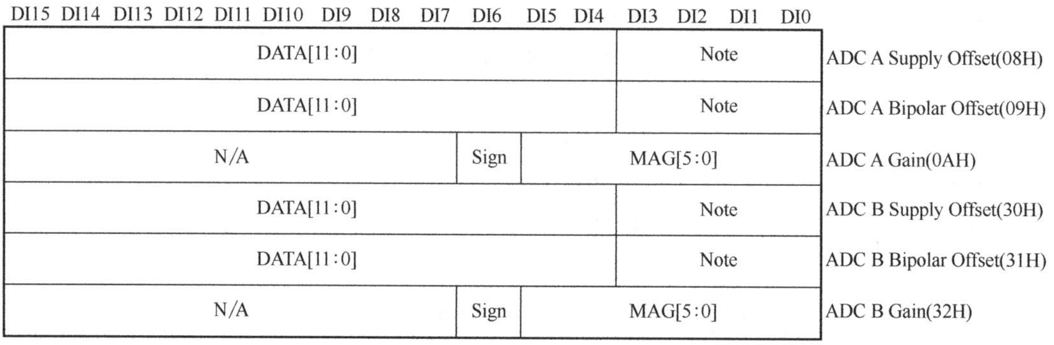

DI15	DI14	DI13	DI12	DI11	DI10	DI9	DI8	DI7	DI6	DI5	DI4	DI3	DI2	DI1	DI0	
DATA[11:0]												Note				ADC A Supply Offset(08H)
DATA[11:0]												Note				ADC A Bipolar Offset(09H)
N/A								Sign		MAG[5:0]						ADC A Gain(0AH)
DATA[11:0]												Note				ADC B Supply Offset(30H)
DATA[11:0]												Note				ADC B Bipolar Offset(31H)
N/A								Sign		MAG[5:0]						ADC B Gain(32H)

图 7-6　校准寄存器

ADC A 的电源偏移校准寄存器地址为 08H，高 12 位以二进制补码的形式存储了校准值，即偏移系数。对于偏移系数，例如，如果 ADC 的偏移是 +10 LSBs（最低有效位）（大约 $10 \times 250\mu V = 2.5mV$），偏移系数记录的是 -10 LSBs 即 FF6H，寄存器 08H 的值为 1111 1111 1100 XXXXB。

2. 控制寄存器

XADC 具备 32 个控制寄存器，要对 XADC 进行控制（配置）就需要通过写控制寄存器完成，具体来说就是通到 DRP 接口对这些寄存器进行写操作。控制寄存器地址从 40H 到 5FH。另外，FPGA 在最初配置的时候，即 XADC 实例化时，可以通过 XADC 的 IP 核的参数对这些寄存器进行初始化。因此，如果不知道这些寄存器每一位的含义，就不能很好地完成使用 XADC 进行模拟信号采集的任务。寄存器的内容有些和操作模式有关，关于操作模式将在后续说明。控制寄存器说明见表 7-4。

表 7-4　控制寄存器说明

寄 存 器	地　址	说　　明
Configuration Register 0	40H	配置寄存器 0，详见图 7-7
Configuration Register 1	41H	配置寄存器 1，详见图 7-7
Configuration Register 2	42H	配置寄存器 2，详见图 7-7
Test Registers 0 ~ 4	43H ~ 47H	测试寄存器 0 ~ 4，测试寄存器的初始值是 0000H，工厂测试用
Sequence Registers	48H ~ 4FH	序列寄存器。这 8 个寄存器用于设置采集序列，和操作模式有关
Alarm Registers	50H ~ 5FH	16 个警告寄存器，用于设置报警门限

（1）操作模式寄存器

从 40H 到 42H 的 3 个控制寄存器决定了 XADC 的操作模式，图 7-7 为这 3 个寄存器的按位定义。

图 7-7　操作模式寄存器按位定义

1）配置寄存器 0 的 CH0 ~ CH4（配置寄存器的 DI0 ~ DI4）用于在单通道模式选择 ADC 输入通道，表 7-5 描述了通道说明。

表 7-5　通道说明

ADC 通道	CH4 ~ CH0	说　　明
0	0	芯片温度
1	1	VCCINT
2	2	VCCAUX
3	3	VP，VN
4	4	VREFP（1.25V）
5	5	VREFN（0V）
6	6	VCCBRAM
8	8	执行校准
16 ~ 31	16 ~ 31	辅助通道 0 ~ 15 VAUXP [0：15]，VAUXN [0：15]

ACQ 用于单通道模式，当 ACQ 置位时，增加 ADC 的采样保持时间 6 个 ADCCLK 周期。

$\overline{EC}$ 用于切换连续采样模式或事件驱动采样模式，置位将工作于事件驱动采样模式，清 0 则工作于连续采样模式。

$\overline{BU}$ 用于单通道模式，选择是单极性或双极性操作，1 对应双极性模式。

MUX 若置位为 1 将使能外部多路复用器模式。

AVG0、AVG1 用于设置在单通道模式或序列模式的每次平均操作的采样次数。当 AVG1AVG0 = 0 时，不执行平均；当 AVG1AVG0 = 1 时，每 16 次采样后进行平均；当 AVG1AVG0 = 2 时，每 64 次采样后进行平均；当 AVG1AVG0 = 3 时，每 256 次采样后进行平均。

CAVG 为校准过程的平均抑制，当 CAVG 为 1 时将在校准过程中不执行平均。

例如，如果寄存器 40H 的值是 16'h9000，即 16'b1001 0000 0000 0000，那么 CAVG = 1，校准过程中不执行平均。AVG1AVG0 = 1，每 16 次采样计算一次平均值。

2）配置寄存器 1 主要用于报警、校准及通道序列设置。

ALM6、ALM5、ALM4 在图 7-7 中标注有 note1，表示普通的 7 系列芯片不存在这个功能。ALM3、ALM2、ALM1、ALM0 置 1 对应于除能 temperature（温度）、VCCINT（内核电压）、VCCAUX（辅助设备电源电压）、VCCBRAM（块内存电源电压）的超范围报警。

CAL0 ~ CAL3 用于使能 ADC 的校准。CAL0 为 ADC 偏移校正使能，CAL1 为偏移和增益校正使能，CAL2 为电源偏移校正使能，CAL3 为电源偏移和增益校正使能。

SEQ0 ~ SEQ3 使能通道序列功能。表 7-6 为序列操作设置说明。

表 7-6 序列操作设置说明

SQ3	SQ2	SQ1	SQ0	说 明
0	0	0	0	默认设置
0	0	0	1	单序列
0	0	1	0	自动排序模式
0	0	1	1	单通道模式（序列关闭）
0	1	X	X	同时采样模式
1	0	X	X	独立 ADC 模式
1	1	X	X	默认模式

OT 位设置为 1 将除能过温度信号，禁止发生过温报警。

除了对配置寄存器的全局配置，通道设置寄存器可以配置每个通道是否加入采样序列，是否平均及是否增加额外的建立时间。

自动信道序列器可以设置一系列预定义的操作模式，包括使用几个通道（包括片上传感器和外部输入），以及这些通道如何排序。当一个通道转换和存储完成，排序器会自动选择下一个通道进行转换，包括设置平均，配置模拟输入通道，设置采集所需的建立时间，并存储转换结果。在基于一次关闭设置的状态寄存器中，通过写入设置到配置寄存器 1 中的 SEQ3、SEQ2、SEQ1 和 SEQ0 位为 0010 即可设置这种模式。

例如，如果寄存器 41H 的值是 16'h2ef0，即 16'b0010 1110 1111 0000，那么采样模式将采用自动排序模式，允许温度、VCCINT、VCCAUX、VCCBRAM 的报警，允许使能 ADC 的各种校准。

3）配置寄存器 2 主要用于除能和分频设置。

PD0、PD1 为 XADC 除能位，当 PD1 = PD0 = 1 时，整个 XADC 都除能（不能使用）；PD1 = 1 并且 PD0 = 0 时，ADCB 单独除能。

CD7 ~ CD0 用于配置 DRP 时钟 DCLK 和 ADC 时钟 ADCCLK 的分频时间，即设置 ADC-CLK 的时钟频率。当其值小于等于 2 时，是 2 分频。当其值大于 2 时，若其值为 N，进行 N 分频。

例如，如果寄存器 42H 的值是 16'h0400，那么 ADCA 和 ADCB 都可以使用，ADCCLK 的时钟是 DRP 时钟 DCLK 的 4 分频。

（2）通道定序寄存器（48H ~ 4FH）

使用通道定序功能的 8 个控制寄存器是 48H ~ 4FH。这 8 个寄存器可以看作是 4 对 16 位寄存器，每对寄存器控制一个方面的功能。这 8 个寄存器的每一位对应了一个通道，因此是通道定序寄存器。

1）通道选择寄存器（48H 和 49H）。

48H 和 49H 配置通道的选择，配置选择哪些通道加入到采样序列中来。每对寄存器（32位）中的各个位能够进行特定的设置。因此，可以将 48H 和 49H 称为 ADC 通道选择寄存器，被启用的通道加入到采样序列中。这些寄存器的位在表 7-7 和表 7-8 中定义。两个 16 位寄存器用于启用或禁用相关通道，逻辑 1 启用，逻辑 0 关闭。

序列顺序从寄存器 48H 的 LSB（位 0）开始到寄存器 49H 的 MSB（位 15）结束。

表 7-7 是 48H 寄存器各位的说明。这里由于 7 系列相对于 Zynq-7000 器件缺少一些采集信号，因此顺序号是不同的。另外，无效的位未列出。

表 7-7　片内通道选择寄存器 48H

顺序号 7 系列/Zynq-7000	位号	ADC 通道号	说　明
1/1	0	8	XADC 校准
– /2	5	13	VCCPINT
– /3	6	14	VCCPAUX
– /4	7	15	VCCO_DDR
2/5	8	0	芯片温度
3/6	9	1	VCCINT
4/7	10	2	VCCAUX
5/8	11	3	VP，VN
6/9	12	4	VREFP
7/10	13	5	VREFN
8/11	14	6	VCCBRAM

假设写 48H 寄存器 4701H，即二进制的 0100 0111 0000 0001，那么就是设置最低位为 1，因此要执行 XADC 校准；位 8 为 1，要执行芯片温度测量；位 9 为 1，要执行 VCCINT 的测量；位 10 为 1，要执行 VCCAUX 的测量；位 14 为 1，要执行 BRAM 电压的测量。当序列模式测量的时候，这些通道加上在 49H 寄存器中设置的通道，在一个大的采集周期里，都会被测量一遍，结果写到对应的寄存器中去，然后再开始下一个测量周期。

辅助通道选择寄存器的地址是 49H，位和序号排列很规律，因此表格做了省略，见表 7-8。

表 7-8　辅助通道选择寄存器 49H

顺序号 7 系列/Zynq-7000	位号	ADC 通道号	说　　明
9/12	0	16	VAUXP [0]，VAUXN [0]，辅助通道 0
10/13	1	17	VAUXP [1]，VAUXN [1]，辅助通道 1
⋮	⋮	⋮	⋮
24/27	15	31	VAUXP [15]，VAUXN [15]，辅助通道 15

假设写 49H 寄存器 5180H，即二进制的 0101 0001 1000 0000，那么辅助通道 14（通道号 30）、辅助通道 12（通道号 28）、辅助通道 8（通道号 24）、辅助通道 7（通道号 23）也被加入采样及转换序列。

2）通道平均寄存器（4AH 和 4BH）。

在自动通道排序模式，除了设置采集哪些通道，还可以单独地设置哪个通道需要通过多次采样求平均值。对于需要求平均值的通道，可以设置通道平均寄存器 4AH 和 4BH，而这两个寄存器的对应位和通道选择寄存器 48H 和 49H 的顺序是一致的。

对于不需要求平均的通道，设置该通道的对应位为 0，那么每次采样和转换后，都修改对应的状态寄存器；而对于需要求平均的通道，只有在采样次数达到后，求平均之后才更新对应的状态寄存器。根据配置寄存器 0 的配置，多次采样后求平均的通道，采样的次数是 16、64、256 之后求平均值。

3）通道模拟输入模式寄存器（4CH 和 4DH）。

可以对每个通道单独设置模拟输入模式，寄存器 4CH 和 4DH 用于完成这种功能。而这两个寄存器的对应位和通道选择寄存器 48H 和 49H 的顺序也是一致的。然而，只有外部模拟通道可以通过这两个寄存器来配置，设置为 0 表示该通道采用单极性模式，1 表示差分输入。

4）采样建立时间寄存器（4EH 和 4FH）。

另外，通过配置寄存器 0 可以延长 4 个周期的建立时间，每个通道的额外建立时间可以通过寄存器 4EH 和 4FH 来设置，设置为 1 可另外延长 10 个 ADCCLK 周期的建立时间。而这两个寄存器的对应位和通道选择寄存器 48H 和 49H 的顺序也是一致的。

7.1.5　操作模式

通过对寄存器的学习，可以发现操作模式是非常重要的。对于不同的操作模式，ADC 采集的方式会有很大的区别。在工程应用中，应该根据不同的需求，选择不同的操作模式。

XADC 包括以下几种最常用的操作模式：

1）默认模式（SEQ3 SEQ2 SEQ1 SEQ0 = 0000）。最基本的操作模式称为默认模式，XADC 监控所有片上传感器，并且不需要其他的 XADC 配置。使用两个 ADC 同时采样的方法采样，两个 ADC 同时采样两个通道的信号，并采样和转换 16 次后做平均，之后存储到状态寄存器。

2）单序列模式（SEQ3 SEQ2 SEQ1 SEQ0 = 0001）。在这种模式下，按用户选择的采样顺序（通道选择寄存器的值）序列采样一遍后停止 ADC。

3）连续序列模式（SEQ3 SEQ2 SEQ1 SEQ0 = 0010）。这种模式和单序列模式很相似，区别是采样完一遍后系统自动重新开始序列采样，故为连续采样。如果要更新采样序列，可以通过写通道定序寄存器重新配置，但必须先停止采样，写 SEQ3 SEQ2 SEQ1 SEQ0 为 0000 到默认模式再进行配置，然后再写 0010 到 SEQ3 SEQ2 SEQ1 SEQ0 重新启动连续序列模式。

4）单通道模式（SEQ3 SEQ2 SEQ1 SEQ0 = 0011）。在这种模式下，通过 48H 和 49H 寄存器找到排名最先的有效通道，进行采样转换，存储转换结果，然后就停止。如果要更换采样通道，需要通过写入到控制寄存器 40H 中的 CH4 ~ CH0 来进行采样和转换通道的切换。对采集的配置，如模拟输入模式（BU）和采样保持时间（ACQ）也必须通过写入控制寄存器 40H 来实现。在很多的应用中，有多个通道需要监控，采用这种模式就需要不停地进行通道切换，控制器可能会有很大的开销。要自动化完成这种任务，可以采用自动模式实现。

5）同时采样模式（SEQ3 SEQ2 SEQ1 SEQ0 = 01XX）。在同时采样模式下，序列发生器自动排序，对 8 对辅助模拟输入通道进行同步采样转换。这在需要保持两个信号之间的相位关系的应用中非常有用。辅助模拟通道 0 ~ 7 分配给 ADC A，并被指定为 A 通道。辅助模拟通道 8 ~ 15 分配给 ADC B，并被指定为 B 通道。一个 A 通道和一个 B 通道总是同时采样和同时转换。

6）独立 ADC 模式（SEQ3 SEQ2 SEQ1 SEQ0 = 10××）。在独立 ADC 模式下，ADC A 用于实现固定的"监控模式"，类似于默认模式，ADC B 只能用于采集外部模拟输入通道。内部通道（传感器）自动分配给 ADC A，它自动监视这些通道并基于此产生报警用户定义的报警阈值。

7.1.6　XADC 操作时序

XADC 的定时采用 DRP 时钟 DCLK 来同步，ADCCLK 时钟是通过对 DCLK 的分频得到的，写 42H 寄存器可以修改分频值。ADCCLK 是内部时钟，对外不可见，但对于描述时序是需要的。ADC 可以工作于连续采样模式或事件驱动模式，在连续采样模式，当前 A/D 转换周期完成后，ADC 自动开始启动新的 A/D 转换。

ADC 的工作有两个部分，即采样和转换。在采样的过程中，获取电压值然后保持，这样在转换过程中电压是稳定的，之后进行模拟量到数字量的转换。图 7-8 是连续采样模式的定时图。

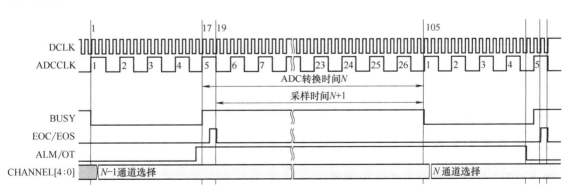

图 7-8　连续采样模式的定时图

如图 7-8 所示，ADCCLK 是 DCLK 的 4 分频。

在采样阶段，ADC 获取电压值，通过将选择的通道的电压向电容器进行充电实现。这个时间取决于该通道的阻抗，因为时间常数为 RC。在执行 A/D 转换的时候，可以同时对下一个通道进行采样。这个采样不需要在对上一个通道的转换时间内完成，因为下一个周期开始有一个建立时间，所以如果采样在上一个通道的 A/D 转换时间内没有完成，那么在本通道的建立时间内完成是可以的。建立时间一般是 4～10 个 ADCCLK 周期。

在 4～10 个 ADCCLK 周期后，就进入 A/D 转换阶段，将采集到的模拟量转换为数字量。A/D 转换开始，BUSY 信号变为高电平，并在第 2 个 DCLK 的上升沿将 ECO/EOS 置为高电平并持续一个 DCLK 周期。转换时间是 22 个 ADCCLK 时钟周期。当转换完成后，BUSY 信号变为低电平，并在转换完成后 16 个 DCLK 周期后将 ECO/EOS 置为高电平并持续一个 DCLK 周期。

7.2　应用 XADC 实现多路电压采集及显示

本节使用 XADC 的 IP 核，实现对 4 路模拟电压及芯片温度、内核电压、BRAM 电压的采集和显示。

7.2.1　生成 XADC IP 核实例

新建工程 p_xadc_multichannel，并新建顶层 Verilog HDL 文件 v1.v。在流程导航窗口单击工程管理下的 IP 目录如图 7-9 所示。

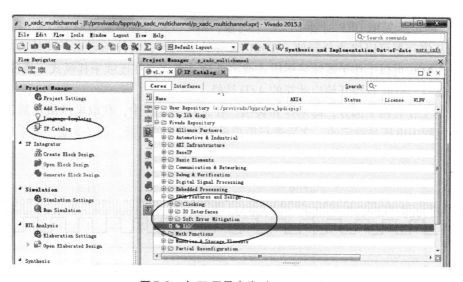

图 7-9　在 IP 目录中找到 XADC IP

单击 XADC 旁的加号，XADC 下有一个 XADC 向导（XADC Wizard），双击 XADC 向导弹出如图 7-10 所示窗口，进行 IP 配置。

如图 7-10 所示，基本页配置接口为 DRP，时钟 DCLK 为 50MHz，初始的通道选择（Startup Channel Selection）选择序列通道（Channel Sequencer），定时模式选择连续模式（Continuous Mode），在控制和状态端口选中复位信号（reset_in）。

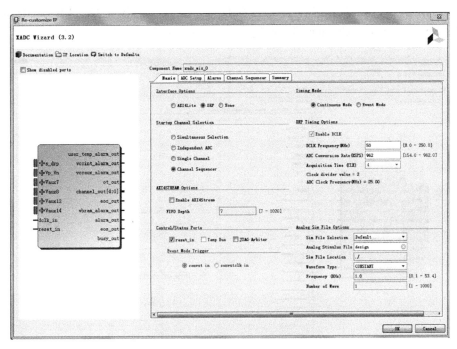

图 7-10　XADC IP 配置基本页

如图 7-11 所示，ADC 配置页选中连续模式，通道平均保留默认值 16，选中所有的校准（ADC Calibration），不选中校准平均（Enable Calibration Averaging）。

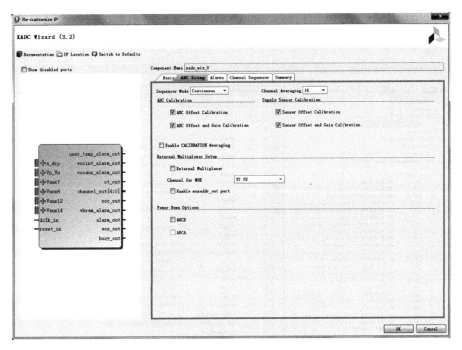

图 7-11　XADC 的 ADC 设置页面

在报警页面可以选中所有的报警。

如图 7-12 所示，在通道选择页面选择校准、温度、内核电压、BRAM 电压、通道 vauxp7/vauxn7、通道 vauxp8/vauxn8、通道 vauxp12/vauxn12、通道 vauxp14/vauxn14。

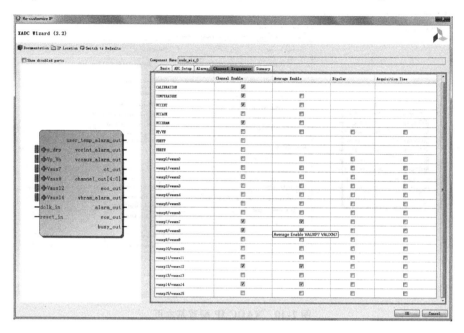

图 7-12　XADC 通道选择页

单击"OK"按钮后在弹出的窗口单击 Generate 按钮，生成只读文件 xadc_wiz_0.v，如图 7-13 所示。xadc_wiz_0.v 包含了 xadc_wiz_0 模块，图 7-13 右侧的编辑窗口中是其模块定义和接口，图 7-13 左侧下部分是其调用 XADC 时的初始化参数。

图 7-13　生成的 IP 核实例的接口和 IP 初始化参数（寄存器初值）

要使用生成的 IP 核实例模块 xadc_wiz_0，还必须进行编程实现时序。新建 v_xadc1.v，编写模块 xadc1 实现 XADC 访问。

提示：本节内容参考了 Xilinx 公司网站的 ug480PDF 文件。参考工程技术人员编写的开发指南文件能够有利于快速实现功能，否则在不了解器件及 IP 核的情况下，无法实现编程或必须投入更多时间成本。读者在开发新的功能时，应首先仔细阅读厂家的技术资料。

7.2.2　使用 XADC IP 核实现 XADC 序列模式访问模块

前一小节生成了 XADC IP 核实例，但仍需要编程实现时序。

在画出状态图之前，需知道与 XADC 通信所需要的关键信号线：

1）数据输入：di_drp。

2）数据输出：do_drp。

3）地址输出：daddr。

4）使能：den；写使能：dwe；复位：reset；忙：busy；数据有效：drdy；序列转换完成：eos。

画出状态图，如图 7-14 所示。

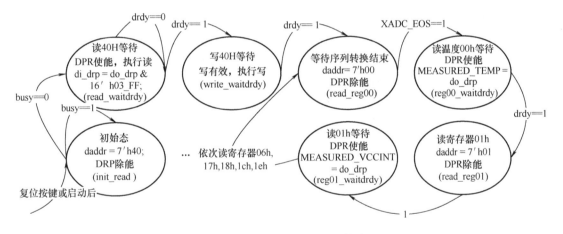

图 7-14　XADC A/D 序列采集状态图

在复位之后，进入第一个状态 init_read。在这个状态除能 DRP 接口，将接口的 den 置 0 除能 DPR 总线，将地址 40H 赋给地址 daddr，用于寻址配置寄存器 0 即 40H 寄存器。然后通过 busy 信号来判断，ADC 是否繁忙，如果不忙，进入下一状态 read_waitdrdy。

在 read_waitdrdy 状态从数据输出线 do_drp 读 40H 的内容（因为地址线是 40H），并将其与 16'h03_FF 进行按位与再送到数据输入线 di_drp。当数据有效后，进入下一状态 write_waitdrdy。

在 write_waitdrdy 状态将写有效置位，才能将按位与的结果写回 40H 寄存器。所以，以上步骤演示了怎么修改寄存器的值。如果读者要修改 41H 寄存器的值，过程和这 3 个步骤是类似的，不过地址变成了 41H。

之后进入 read_reg00 状态，先将地址线修改为 00H，然后在这个状态要等待序列 A/D 转换完成。如果一个序列（这里的序列是采集温度、内核电压、BRAM 电压、通道 vauxp7/

vauxn7、通道 vauxp8/vauxn8、通道 vauxp12/vauxn12、通道 vauxp14/vauxn14）转换完成，就可以进行读取了，什么时候转换完成呢？关注 eos 就可以了。所以，一定要等到 eos 有效后再进入下一状态。

之后的 reg00_waitdrdy 状态要读取寄存器 00H 以获得温度值。地址已经在上一个状态赋值了，这里将 DPR 使能即可读取，然后将 do_drp 上的数据读到一个寄存器存起来就可以了。

然后重复上述两个状态的过程依次读取内核电压、BRAM 电压、通道 vauxp7/vauxn7、通道 vauxp8/vauxn8、通道 vauxp12/vauxn12、通道 vauxp14/vauxn14。之后回到 read_reg00 状态进入下一个循环。

根据以上的设计编写 v_xadc1.v 模块程序，代码及解析如 [程序实例 7.1] 所示。

[程序实例 7.1]　XADC 序列模式访问模块程序实例

```
module xadc1(
input DCLK,//DRP 时钟
input RESET,//复位信号
input VAUXP7,VAUXN7,//辅助模拟输入通道 7,通道号 17h
input VAUXP8,VAUXN8,//辅助模拟输入通道 8,通道号 18h
input VAUXP12,VAUXN12,//辅助模拟输入通道 12,通道号 1ch
input VAUXP14,VAUXN14,//辅助模拟输入通道 14,通道号 1eh
output reg[15:0]MEASURED_TEMP,MEASURED_VCCINT,
output reg[15:0]MEASURED_VCCBRAM,
output reg[15:0]MEASURED_AUX7,MEASURED_AUX8,
output reg[15:0]MEASURED_AUX12,MEASURED_AUX14,
output[7:0]state
);
wire[4:0]CHANNEL;
wire OT;
wire XADC_EOC;
wire XADC_EOS;
wire busy;
wire[4:0]channel;
wire drdy;
reg[6:0]daddr;
reg[15:0]di_drp;   //DRP 总线输入
wire[15:0]do_drp;//DRP 总线输出
wire[15:0]   aux_channel_p;//辅助通道输入高
wire[15:0]   aux_channel_n;//辅助通道输入低
reg[1:0]den_reg;       //2 位数据使能寄存器,位 0 送 IP den
reg[1:0]dwe_reg;       //2 位数据写使能寄存器位 0 送 IP dwe
```

```verilog
reg[7:0]state = init_read;//init_reset;   //状态,初始值为读状态
reg r_reset = 0;
parameter init_read = 8'h00,
    read_waitdrdy = 8'h01,
    write_waitdrdy = 8'h03,
    read_reg00 = 8'h04,
    ......
    read_reg1e = 8'h82,
    reg1e_waitdrdy = 8'h83;
xadc_wiz_0 xadc1(//XADC IP 模块实例的调用
    . daddr_in(daddr),              // DRP 地址
    . dclk_in(DCLK),                // DPR 时钟
    . den_in(den_reg),              //DRP 使能
    . di_in(di_drp),                //DRP 数据输入
    . dwe_in(dwe_reg),              //DRP 写使能
    . reset_in(RESET),              //复位信号
    . vauxp7(VAUXP7),               // 辅助模拟输入通道 7P
    . vauxn7(VAUXN7),               //辅助模拟输入通道 7N
    …省略辅助模拟输入 8,12,14
    . busy_out(busy),               // ADC 忙
    . channel_out(channel),         //通道选择输出
    . do_out(do_drp),               // DRP 数据输出
    . drdy_out(drdy),               //数据有效输出
    . eoc_out(XADC_EOC),            //转换完成信号
    . eos_out(XADC_EOS),            // 序列转换完成信号
    …… 省略一些输出,这里不用
    . vp_in(),                      // VP 输入,这里不用所以未连接
    . vn_in());
always @ (posedge DCLK) //50MHz
if(RESET) begin
    state = init_read;//复位后进入 init_read 状态
    den_reg = 0;
    dwe_reg = 0;
    di_drp = 16'h0000;
end
else
    case(state)
init_read : begin
```

```
        daddr = 7'h40;
        den_reg = 2'h2;//将执行读操作
        if( busy == 0 ) state < = read_waitdrdy;//如果 XADC 不忙,进入 read_waitdrdy 状态
    end
read_waitdrdy ://
    if( drdy == 1) begin
        di_drp = do_drp & 16'h03_FF;//清配置寄存器 0 的 AVG 位
        daddr = 7'h40;
        den_reg = 2'h2;
        dwe_reg = 2'h2;//将执行写操作
        state = write_waitdrdy;
    end
    else begin
        den_reg = {1'b0,den_reg[1]};//使能置位,执行读操作
        dwe_reg = {1'b0,dwe_reg[1]};
        state = state;
    end
write_waitdrdy :
    if( drdy == 1) begin   //如果写完成,drdy == 1,开始进入下一状态
        state = read_reg00;
    end
    else begin
        den_reg = {1'b0,den_reg[1]};//使能
        dwe_reg = {1'b0,dwe_reg[1]};//写第一次有效,写入 40H 寄存器
        state = state;
    end
read_reg00 : begin   //开始判断序列转换是否完成,完成后开始读各状态寄存器
        daddr = 7'h00;
        den_reg = 2'h2;// 使能无效,执行读操作
        if(XADC_EOS == 1) state < = reg00_waitdrdy;//序列转换完成进入下一状态
    end
reg00_waitdrdy ://到这里序列转换已经完成,可以一个一个寄存器读取测量值了
    if( drdy == 1) begin //如果 drdy == 1 可以读取寄存器 00
        MEASURED_TEMP = do_drp;   //从 DPR 读信号线获取寄存器 00 的值,温度
        state < = read_reg01;//进入下一状态读 01H 寄存器存储的内核电压
    end
    else begin
        den_reg = {1'b0,den_reg[1]};//使能
```

```
        dwe_reg = {1'b0,dwe_reg[1]};
      state = state;
    end
  read_reg01 : begin
      daddr = 7'h01;    //设置目标寄存器为 01H
      den_reg = 2'h2;//除能,执行读操作
      state < = reg01_waitdrdy;
    end
  reg01_waitdrdy :    //以下与读取 00H 寄存器过程相同
    if(drdy == 1) begin
      MEASURED_VCCINT = do_drp;//从 DPR 读信号线获取寄存器 01 的值,内核电压
      state < = read_reg06;
    end
    else begin
      den_reg = {1'b0,den_reg[1]};
      dwe_reg = {1'b0,dwe_reg[1]};
      state = state;
    end
        ……省略读取寄存器 06H、17H、18H、1cH 代码
  reg1e_waitdrdy :
    if(drdy == 1) begin
      MEASURED_AUX14 = do_drp;//获取模拟输入通道 14 的值
      state < = read_reg00;//回到 read_reg00 状态等待下一次转换结束,继续读取
      daddr = 7'h00;
    end
    else begin
      den_reg = {1'b0,den_reg[1]};
      dwe_reg = {1'b0,dwe_reg[1]};
      state = state;
    end
  endcase
endmodule
```

7.2.3　A/D 序列采集和显示实现

在完成了 XADC 序列模式访问模块之后，就可以使用该模块方便地实现 A/D 采集了。在工程中先添加已经实现的数码管动态显示 IP 核，然后编写顶层模块 v1. v，代码如［程序实例 7.2］所示。

[程序实例 7.2] 序列 A/D 采集模块程序实例

```verilog
module v1(                                                【1】
    input clk,   //时钟输入
    input rst,   //复位信号
    input vauxp7,vauxn7,   // 模拟输入通道 7
    input vauxp8,vauxn8,   // 模拟输入通道 8
    input vauxp12,vauxn12,   // 模拟输入通道 12
    input vauxp14,vauxn14,   // 模拟输入通道 14
    input[7:0]sw,//拨码开关输入
    input[4:0]btn,//按键输入
    output[7:0]seg,//数码管段码输出
    output[3:0]an,//数码管位码输出
    output[7:0]led   //LED 输出
    );
    reg[31:0]divclk_cnt = 0;                              【2】
    reg[31:0]btnclk_cnt = 0;
    reg divclk = 0;
    reg btnclk = 0;
    reg[15:0]disp_data;//显示数据寄存器
    reg[4:0]btn0;
    reg[4:0]btn1 = 0,btn2 = 0;
wire[15:0]MEASURED_TEMP,MEASURED_VCCINT;
wire[15:0]   MEASURED_VCCBRAM;
wire[15:0]MEASURED_AUX7,MEASURED_AUX8;
wire[15:0]MEASURED_AUX12,MEASURED_AUX14;
wire reset;
disp_0 mydisp(//调用动态显示 IP 核实现显示                   【3】
    . data(disp_data),.. clk(divclk),.. seg(seg),.. dig(an)
);
xadc1 myxadc( //调用已完成的 XADC 序列模式访问模块           【4】
. DCLK(clk),// DRP 时钟
    . RESET(reset),//复位信号,来自按键
    . VAUXP7(vauxp7),
    . VAUXN7(vauxn7),//  模拟输入通道 7
    . VAUXP8(vauxp8),
    . VAUXN8(vauxn8),// 模拟输入通道 8
    . VAUXP12(vauxp12),
```

```
        . VAUXN12(vauxn12),// 模拟输入通道 12
        . VAUXP14(vauxp14),
        . VAUXN14(vauxn14),// 模拟输入通道 14
        . state(led),    //将状态送 LED 监视 2 运行情况,方便调试
        . MEASURED_TEMP(MEASURED_TEMP),//获得温度
        . MEASURED_VCCINT(MEASURED_VCCINT),//获得内核电压
        . MEASURED_VCCBRAM(MEASURED_VCCBRAM),//获得 BRAM 电压
        . MEASURED_AUX7(MEASURED_AUX7),//获得通道 7 电压
        . MEASURED_AUX8(MEASURED_AUX8),//获得通道 8 电压
        . MEASURED_AUX12(MEASURED_AUX12),//获得通道 12 电压
        . MEASURED_AUX14(MEASURED_AUX14)//获得通道 14 电压
);
    always@ ( posedge clk ) //生成数码管扫描用 1ms 时钟                    【5】
    begin
        if( divclk_cnt == 26'd25000 )
        begin
            divclk = ~ divclk ;
            divclk_cnt = 0 ;
        end
        else
        begin
            divclk_cnt = divclk_cnt + 1'b1 ;
        end
    end
always@ ( posedge clk ) //生成按键去抖用 20ms 时钟                        【6】
begin
    if( btnclk_cnt == 500000 )
    begin
        btnclk = ~ btnclk ;
        btnclk_cnt = 0 ;
    end
    else
    begin
        btnclk_cnt = btnclk_cnt + 1'b1 ;
    end
end
assign reset = ( ( btn0[0] == 0 )&&( btn1[0] == 1 )&&( btn2[0] == 1 ) );//按键消抖处理未
```
使用 IP 核 【7】

```
always@(posedge btnclk) //获取按键历史信息,20ms 移位一次
begin
    btn0 < = btn;
    btn1 < = btn0;
    btn2 < = btn1;
end
always@(posedge divclk)//使用 casex 语句实现根据拨码开关的位置,显示不同的电
                                压值                                        【8】
begin
    casex(sw[7:0])
        8'b0000_0001://显示 XADC 采集的温度值,原值高 12 位未翻译
        begin
            disp_data = {4'h0,MEASURED_TEMP[15:4]};
        end
        8'b0000_001X://显示 XADC 采集的内核电压值,原值高 12 位未翻译
        begin
            disp_data = {4'h0,MEASURED_VCCINT[15:4]};
        end
        8'b0000_01XX://显示 XADC 采集的 BRAM 电压值,原值高 12 位未翻译
        begin
            disp_data = {4'h0,MEASURED_VCCBRAM[15:4]};
        end
        8'b0000_1XXX://显示 XADC 采集的 AUX7 模拟输入电压值,原值高 12 位未翻译
        begin
            disp_data = {4'h0,MEASURED_AUX7[15:4]};
        end
        8'b0001_XXXX://显示 XADC 采集的 AUX8 模拟输入电压值,原值高 12 位未
                        翻译
        begin
            disp_data = {4'h0,MEASURED_AUX8[15:4]};
        end
        8'b001X_XXXX://显示 XADC 采集的 AUX12 模拟输入电压值,原值高 12 位未
                        翻译
        begin
            disp_data = {4'h0,MEASURED_AUX12[15:4]};
        end
        8'b01XX_XXXX://显示 XADC 采集的 AUX14 模拟输入电压值,原值高 12 位未
                        翻译
```

```
  begin
    disp_data = {4'h0,MEASURED_AUX14[15:4]};
  end
  default:disp_data = 16'hFEDC;    //这里给一个值 FEDC 表示未选择显示任何测
                                     量值

    endcase
  end
endmodule
```

程序实例中【1】处代码是对模块 v1 的定义，包括了 4 对模拟输入通道，也包括了数码管、LED、按键和拨码开关以及时钟的接口。

程序实例中【2】处开始的代码是本模块需要使用的寄存器变量及 wire 型变量的定义，以及一部分寄存器变量的初始化。

程序实例中【3】处开始的代码调用动态显示 IP 核实现显示。

程序实例中【4】处开始的代码调用已完成的 XADC 序列模式访问模块。

程序实例中【5】处开始的代码用于生成数码管扫描用 1ms 时钟 divclk。

程序实例中【6】处开始的代码用于生成按键消抖使用的 20ms 时钟 btnclk。

程序实例中【7】处开始的代码用于按键消抖处理，产生消抖后的复位信号给 XADC 模块提供复位。

程序实例中【8】处开始的代码使用 casex 语句实现根据拨码开关的位置，显示不同的电压值，这些电压值由 XADC 模块负责修改。

7.2.4　序列采集及显示测试

以上步骤完成后，经过综合、实现和比特流文件生成，下载到电路板进行测试。将电路板上 1V 电源连白色杜邦线，将地接黑色杜邦线，连接到模拟输入接口的 1 脚 C1 和 7 脚 B1，即模拟输入通道 7（查附录 B 图 B-1 口袋实验板正面和表 B-1 引脚按功能分配表），进行测试。按复位按键后，拨动拨码开关到图 7-15 所示的 6'b00000001 位置，得到图 7-15 所示的结果；拨动到 6'b00000011，得到图 7-16 所示的结果。

图 7-15　拨码开关 01H，温度显示

图 7-16　拨码开关 03H，内核电压

根据温度（℃）=00H 寄存器高 12 位值×503.975/4096 – 273.15，得到 998H 对应十进制 2456，得到 29.04℃。

578H 对应十进制 1400，1400×3/4096 = 1.025，因此内核电压为 1.025V。

非常有趣的是在运行 Vivado 的计算机通过 JTAG 和目标电路板连接后，可以在 Vivado 下通过 Dashboard 面板观察 FPGA 的这些内部电压值。

在硬件管理器在 Vivado 面板上打开的情况下，单击快捷菜单按钮上的 Dashboard 即可弹出如图 7-17 所示的 Dashboard 界面。Dashboard 面板可以观察到温度和内部的内核电压、辅助电压、BRAM 电压的数值甚至波形。

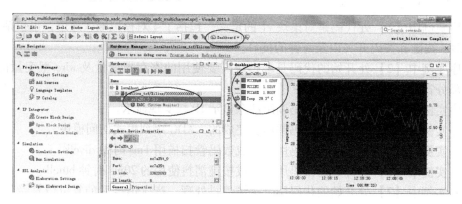

图 7-17　通过 Dashboard 查看 FPGA 内部的电压和温度

可以看到温度值是 29.3℃，内核电压是 1.021V，和实例的测量值近似。之后测量模拟输入通道的电压。将拨码开关拨动到 8′b00001×××的位置，得到图 7-18 所示的测量结果，因为最大输入电压是 1V，所以得到 FFF；然后将模拟输入通道 7 的 VP7 接地，得到图 7-19 所示的结果，这里的 8 是误差，对应值应为 0.0058V。之后依次测量通道 8、12、14 得到同样的结果。本测量比较简单，有条件的读者可以采用波形发生器或其他设备发出变化的电压信号进行进一步测试。

图 7-18　拨码开关 0BH，显示通道 7 电压 1V　　图 7-19　拨码开关 0BH，显示通道 7 电压 0V

XADC 具备校准的功能，可以通过读取 ADC A 校准寄存器 08H、09H、0AH 及 ADC B 的校准寄存器 30H、31H、32H 对测量结果进行补偿，完善程序获得更准确的测量结果。

实例基本实现了多通道的带温度计的电压表功能，读者可以进行改进，让数码管显示十进制的带小数点的测量值，和真正的电压表一样。下面更进一步，将大量的测量结果实时地保存起来，在 VGA 显示器上以波形的形式像 Dashboard 一样将波形显示出来。

7.3　应用 XADC 及 BRAM 实现多通道示波器

本节将更进一步，实现多通道的示波器。XADC 的采样率高达 1MHz，每秒可以采集 1M 个数据点，每个点是 12 位存储，那么就是每秒最高可以采集多达 1.5MB 的数据。而电压或温度的波形是跟随时间动态变化的，因此要把一屏的数据保存在内存里，就要使用内存来进行存储。因此，本节首先要研究块 RAM 存储技术。

7.3.1　块存储器 BRAM 原理

BRAM 即块 RAM，是 FPGA 的固有硬件资源。另一种形式的 RAM 是分布 RAM（Distribution RAM），是由 FPGA 逻辑资源查找表 LUT 拼起来的。这两种 RAM 最本质的区别是，块 RAM 默认输入有寄存器，所以它在读、写使能信号后的下个时钟边沿返回数据，而分布式 RAM 就没有，就是个组合逻辑，读、写使能的同一时刻返回数据。从时序的角度上来说，块 RAM 更好，唯一不足的是，它是珍贵的硬件资源。一般来说，芯片越高级，块 RAM 资源越多。

Artix-7 FPGA 的最高型号具有可分配的 13Mbit 双端口 BRAM，而实验电路板选型的 XC7A35T 具备 18Kbit 的 BRAM100 个，36Kbit 的 BRAM 55 个，共 1800Kbit。

Xilinx 7 系列 FPGA 可将 BRAM 配置为同步双端口 RAM 或单端口 RAM。

1. 同步双端口和单端口 RAM

每个真正的双端口的 36Kbit 块 RAM 包含 36Kbit 个存储单元以及两个完全独立的访问接口 A 和 B。相应地，每个 18Kbit 块 RAM 双端口内存包含 18Kbit 个存储单元以及 2 个完全独立的访问接口 A 和 B。内存的结构完全对称，双端口可互换。图 7-20 显示了真正的双端口数据接口。表 7-9 列出了双端口的功能和描述。单端口就只有其一半。

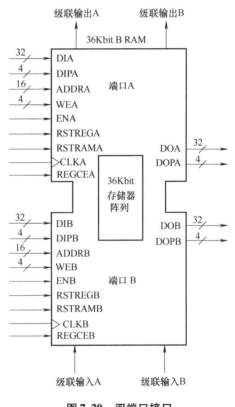

图 7-20　双端口接口

表 7-9　接口描述

接　　口	功　能　描　述
DI [A | B]	数据输入总线
DIP [A | B]	4 位数据输入校验总线，能用于额外的数据输入

（续）

接　口	功　能　描　述
ADDR [A|B]	地址总线
WE [A|B]	4 位，字节宽度写使能
EN [A|B]	使能。当未使能时，没有数据被写入块 RAM，输出总线保持在以前的状态
RSTREG [A|B]	同步置位/复位输出寄存器
RSTRAM [A|B]	同步置位/复位输出数据锁存器
CLK [A|B]	时钟输入
DO [A|B]	数据输出总线
DOP [A|B]	数据输出奇偶总线，可用于额外的数据输出
REGCE [A|B]	输出寄存器时钟使能
CASCADEIN [A|B]	64K×1 模式级联输入
CASCADEOUT [A|B]	64K×1 模式级联输出

（1）读操作

读操作是在一个时钟边沿完成读取 RAM 指定单元（读地址）内容的操作。首先将读取地址寄存在读端口，并在 RAM 读取时间之后将存储的数据加载到输出锁存器中。当使用输出寄存器时，读操作需要一个额外的等待周期。

（2）写操作

写操作是一个时钟边沿写入 RAM 的操作。写地址寄存在写入端口，数据输入存储在内存中。

（3）写模式

写模式有三种，决定了写入时钟边沿后，有效数据出现在输出锁存器的时间。三种模式是写优先模式 WRITE_FIRST、读优先模式 READ_FIRST 和不变模式。每个端口的写模式可以通过配置过程单独配置。默认模式是写优先模式，在这种模式总是将最新写入的数据送到输出总线上。在读优先模式，当新的数据被写入时，仍然输出先前存储的数据。在不变模式，输出总线上保持先前的输出。

图 7-21 所示为写优先模式。在第一个时钟的上升沿，将地址 aa 的数据 MEM（aa）读出放在数据总线 DO 上。在第二个时钟的上升沿，写有效，因此将 DI 上的 1111 写入地址 bb。因为写优先，所以出现在数据总线上的是新写入的 1111。

图 7-22 所示为读优先模式。在第一个时钟的上升沿，将地址 aa 的数据 MEM（aa）读出放在数据总线 DO 上。在第二个时钟的上升沿，写有效，因此将 DI 上的 1111 写入地址 bb。因为读优先，所以出现在数据总线上的不是新写入的 1111，而是原来地址 bb 的内存的值 old MEM（bb）。

图 7-23 所示为不变模式。在第一个时钟的上升沿，将地址 aa 的数据 MEM（aa）读出放在数据总线 DO 上。在第二个时钟的上升沿，写有效，因此将 DI 上的 1111 写入地址 bb。因为不变模式，所以在写有效的时候出现在数据总线上的数据是不变的，仍然是 MEM（aa），直到写无效后的第一个时钟上升沿才变为 MEM（dd）。

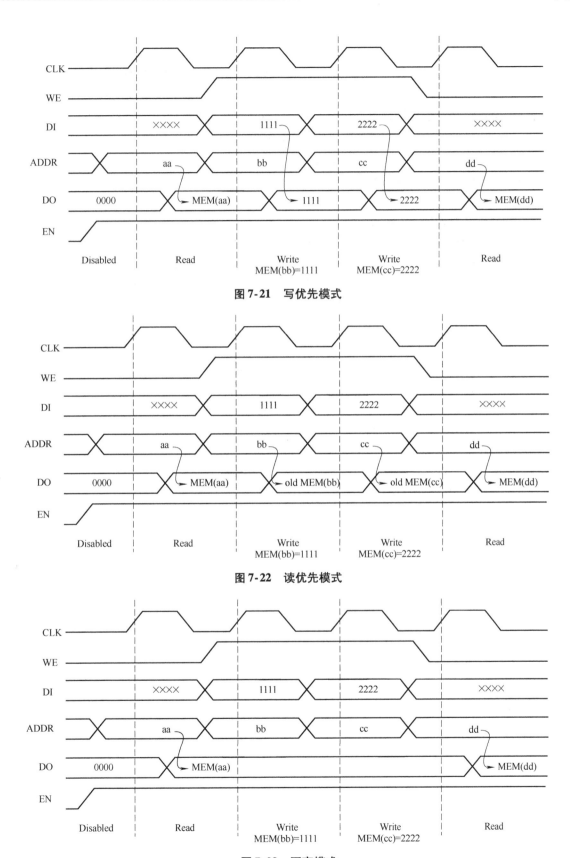

图 7-21　写优先模式

图 7-22　读优先模式

图 7-23　不变模式

（4）冲突避免

7 系列 FPGA 块 RAM 是一个真正的双端口 RAM，在这两个端口可以随时访问任何存储位置。当访问相同的内存位置时，必须遵守一定的限制，分两种不同情况：两个端口使用公用时钟（同步时钟）或使用频率和相位不同的时钟（异步时钟）。

1）同步时钟：读操作没有限制，当一个端口执行写操作的时候，另一个端口如果工作在读优先模式是可以读的，否则读取无效。

2）异步时钟：读操作没有限制，当一个端口执行写操作的时候，另一个端口读取无效。

2. 额外的 7 系列块 RAM 特性

（1）输出寄存器

输出寄存器是可选的，一个独立的时钟和时钟使能输入提供给这些输出寄存器。当时钟有效边沿到来时，输出寄存器将已经存储在其中的 RAM 数据线 DO 的值送出。因此，当使用输出寄存器时，读取的值要延迟一个时钟。

（2）读/写端口宽度选择

每个块 RAM 端口都需要控制数据宽度和地址深度（长宽比）。作为真正的双端口块 RAM，每个端口上可以配置不同读/写数据位宽。例如，A 口可配置为 36 位读取宽度和 8 位写入宽度，B 口可配置为 18 位读取宽度和 36 位写入宽度。

如果读端口宽度与写入端口宽度不同，并且配置为写优先（WRITE_FIRST）模式，然后 DO 上总是写入的新数据。如果写无效，那么 DO 端口上出现的就是对应地址的原始数据。

（3）简单双端口块内存模式

每个 18Kbit 块和 36Kbit 块也可以配置在一个简单的双端口 RAM 模式。在这种模式下，18Kbit 块 RAM 的端口宽度可以扩展到 36 位，36 位块 RAM 的端口宽度可以扩展到 72 位。在简单的双端口模式，独立的读和写操作可以同时发生，其中端口 A 被指定为读端口，而端口 B 作为写入端口。当读/写端口访问相同的数据位置时与真正的双端口模式中的端口冲突相同。图 7-24 显示了简单双端口数据接口。表 7-10 列出了简单双端口的接口描述。

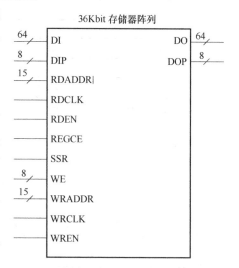

图 7-24　简单双端口块内存接口

表 7-10　接口描述

接　　口	功　能　描　述
DO	数据输出总线（Data Output Bus）
DOP	数据输出校验总线（Data Output Parity Bus）
DI	数据输入总线（Data Input Bus）
DIP	数据输入校验总线（Data Input Parity Bus）
RDADDR	读地址总线（Read Data Address Bus）
RDCLK	读时钟（Read Data Clock）

（续）

接　　口	功 能 描 述
RDEN	读使能（Read Port Enable）
REGCE	输出寄存器时钟使能（Output Register Clock Enable）
SBITERR	单位错误状态（Single Bit Error Status）
DBITERR	双位错误状态（Double Bit Error Status）
ECCPARITY	ECC 编码输出总线（ECC Encoder Output Bus）
SSR Synchronous	输出寄存器或锁存器设置和复位（Set or Reset of Output Registers or Latches）
WE	字节写使能
WRADDR	写地址总线（Data Address Bus）
WRCLK	写时钟
WREN	写端口使能

（4）字节宽度写使能

块 RAM 的字节宽度写允许功能允许只写入 1~4 个字节到内存（数据的一部分）。真正的双端口 RAM 有 4 个独立的字节宽度写使能输入 WE [3:0]。每个字节宽度写使能与数据的一个字节（32 位的字数据由高到低是字节 3、字节 2、字节 1、字节 0）和一个奇偶校验位相关联。要使用字节宽度写使能功能，需要在初始化时进行设置。这一特点使块 RAM 适合与微处理器接口，因为处理器经常会使用写字节或半字的指令。

如图 7-25 所示，块 RAM 工作在字节宽度写使能，并且是写优先模式。当 4 位写使能全部有效并且时钟到来时（第 2 个时钟上升沿），数据 16'h1111 被写入地址 bb，下个周期 4 位写使能信号只有低 2 位（4b'0011）有效，数据线上输入的 16'h 2222 只有低 2 个字节（半字）被写入内存地址 bb，因此读出的是 16'h 1122。

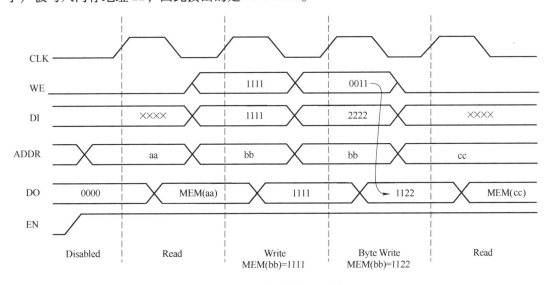

图 7-25　字节宽度写使能

3. 块 RAM 定时特性

图 7-26 为写优先模式的单端口定时图。

在时钟上升沿 1，使能有效，复位无效，写无效，地址为 00h，地址 00h 的内存单元存

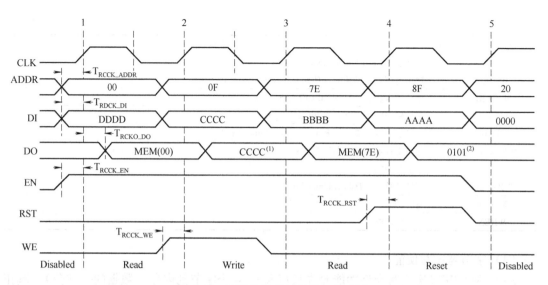

图7-26 写优先模式的单端口定时图

储的值 MEM (00) 被送到 DO 上。

第2个时钟上升沿，使能有效，复位无效，写有效，地址为0Fh，写入地址0Fh的内存单元 DI 上的值16′hCCCC，并且 DO 的值也为16′hCCCC（写优先模式）。

第3个时钟上升沿，使能有效，复位无效，写无效，地址为7Eh，读取地址7Eh的内存单元到 DO，DO 值为 MEM (TE)。

第4个时钟上升沿，使能有效，复位有效，写无效，地址为8Fh，这时执行复位，DO 上是复位寄存器的值0101。

第5个时钟上升沿，使能无效，DO 上数据不变。

7.3.2 块内存生成 IP 的使用和仿真验证

本小节使用块内存生成 IP 并进行测试。

构建工程 p_bram 及顶层文件 v_bram.v。单击 IP 目录，找到如图7-27所示块内存生成 IP 核。

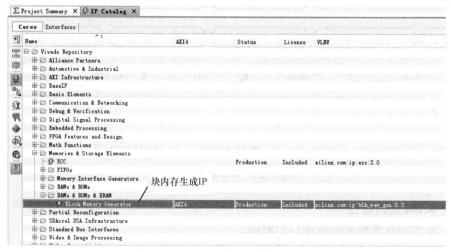

图7-27 块内存生成 IP

双击块内存生成 IP（Block Memory Generator），进入块内存生成器界面，如图 7-28 所示。在基本页选择内存类型为最简单的单端口 RAM，其他不动。然后进入端口选项页，如图 7-29 所示，设置端口的宽度是 16 位，即读和写数据线的宽度都是 16 位，一个内存地址对应的数据宽度是 16 位；深度是内存地址的个数，是以 16 位为单位的内存单元的数量，这里设置为 800 用于测试；内存的写模式设置为读优先，并且选中使能和复位信号。这样，基本的设置就完成了。

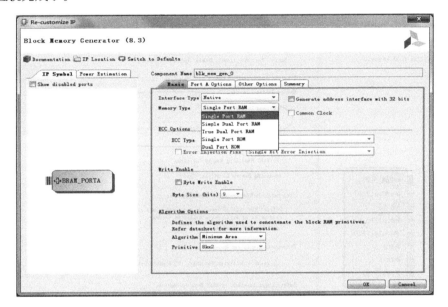

图 7-28　块内存生成器基本页面

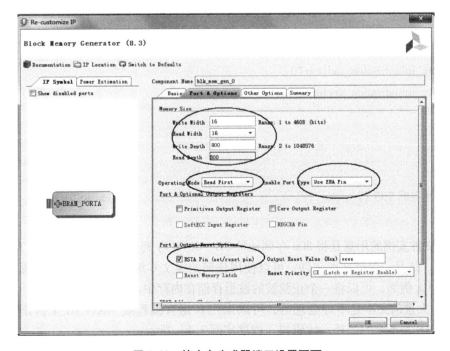

图 7-29　块内存生成器端口设置页面

之后进入其他选项页面，如图 7-30 所示。在其他选项页面可以对内存进行初始化。如果要生成的是只读存储器 ROM，那么这个过程就是必须的。选中装载初始化文件，并选择初始化文件 a. coe，之后单击"OK"按钮生成 16 位宽度内存 IP 核实例。那么，a. coe 文件的格式是什么，又是如何创建呢？a. coe 文件的实例如［程序实例 7.3］所示。

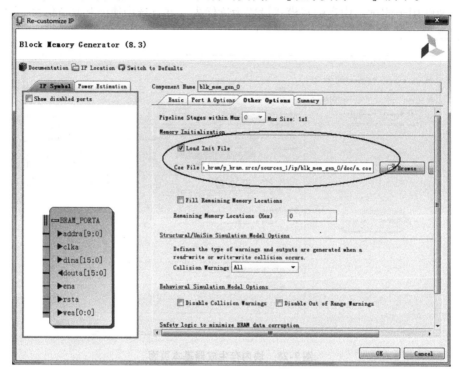

图 7-30　块内存生成器其他选项页面

［程序实例 7.3］　a. coe 文件实例

```
memory_initialization_radix = 10;
memory_initialization_vector =
800,
801,
802,
803,
…此处省略 795 行
1599;
```

a. coe 文件实例的用意是将 800 存到地址 0H，801H 存到地址 1H……1599H 存到最后一个地址 799。这是一个纯文本文件，可以使用任何的纯文本编辑器编辑（就是说不能用 Office 来编辑）。例如，可以将一个正弦波的波形存储在内存中。

但是，大量的文本是不好处理的，可以采用 C 语言编程或 MATLAB 来制作这种文件。使用 MATLAB 是不错的选择，代码如［程序实例 7.4］所示。

[程序实例7.4]　使用 MATLAB 生成 a.coe 文件

>> X = [800:1599];
>> fid = fopen('d:a.coe','w');
>> fprintf(fid,'%d,\r\n',X);
>> fclose(fid);1599;

将［程序实例7.4］在 MATLAB 的命令行中输入，再将生成的文件中加入［程序实例7.3］的前 2 行，就是完整的内存初始化文件，将其复制到工程目录下即可。当然，这个文件很简单，使用 MATLAB 可以实现更复杂的波形或图像文件。

在生成工程实例后，可以看到 BRAM 的 IP 核实例加入工程中，该实例的代码为 VHDL 的只读代码，窗口和代码如图 7-31 所示。

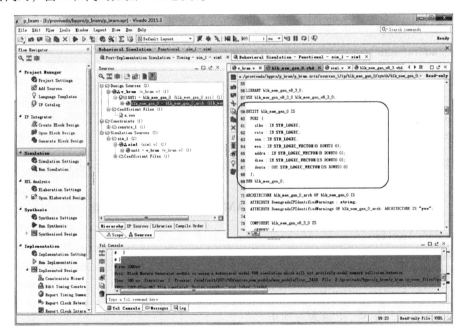

图 7-31　加入 IP 后的工程及 BRAM 实例模块代码

模块 blk_mem_gen_0 是用 VHDL 描述的，有些 IP 核的生成代码只能是 VHDL 的或是 Verilog HDL 的。VHDL 的模块定义并不复杂，很容易掌握，模块名是 blk_mem_gen_0，接口包括时钟输入 clka、复位输入 rsta、使能输入 ena、写使能 wea、10 位的地址输入 addra、16 位的数据输入 dina、16 位的数据输出 douta。

要进行仿真，可以编写顶层 Verilog HDL 代码 v_bram.v，如［程序实例7.5］所示，该代码只是简单地调用了 IP 核生成的模块 blk_mem_gen_0，没有其他操作。

[程序实例7.5]　调用了块内存 IP 核生成模块的代码

```
module v_bram(
    input clk,
    input rst,
```

```verilog
        input en,
        input we,
        input[15:0]din,
        input[9:0]addr,
        output[15:0]dout
    );
    blk_mem_gen_0 UUT1
    (
        .clka(clk),
        .rsta(rst),
        .ena(en),
        .wea(we),
        .addra(addr),
        .dina(din),
        .douta(dout)
    );
    endmodule
```

该模块只是实现了简单的调用,即使用配置好的 IP 核实例。对其进行仿真,仿真代码 sim1. v 如 [程序实例 7.6] 所示。

[程序实例 7.6] 块 RAM 的 IP 核实例仿真代码

```verilog
'timescale 1μs/1ps
module sim1;
reg clk =0;//时钟输入
reg rst =0;//复位一直无效
reg we =0;//写信号,初始为写禁止
reg en =1;//使能,使能一直有效
reg[15:0]din =0;//数据输入
reg[9:0]addr =0;//地址输入
wire[15:0]dout;//数据输出
reg[9:0]cnt1 =0;
reg[9:0]cnt2 =0;
v_bram uutt(clk,rst,en,we,din,addr,dout);//调用被仿真的模块完成内存读/写
always #10 clk = ~clk;//模拟生成 50MHz 时钟
always @(posedge clk)
begin
    if(cnt1 ==8) //cnt1 从 0 到 8
    begin
        cnt1 =0;
```

```
            cnt2 = cnt2 + 1;//cnt2 低位每 9 个周期翻转一次
    end
    else
    begin
            cnt1 = cnt1 + 1;
        end
    end
    always @ (negedge clk) //负边沿写地址,写数据输入,写使能信号,保证时钟上升沿时
                          这些值是稳定的
    begin
        din = cnt1;//数据输入总线上的值是计数值 cnt1
            addr = cnt1;
            if( cnt2[0] == 0) we = 0;// 每 9 个周期写使能信号翻转
            else we = 1;
    end
    endmodule
```

[程序实例 7.6] 块 RAM 的 IP 核实例仿真代码首先确保复位一直无效,使能一直有效。产生一个 50MHz 的时钟信号,该时钟信号加载到块内存 IP 核的时钟输入端,在时钟的上升边沿计数器 cnt1 计数,而计数器 cnt2 在 cnt1 计数值达到 8 的时候计数值加 1。这样,计数器 2 的频率是计数器 1 频率的 1/9。

在时钟的负边沿,即下降边沿,将地址信号赋值为 cnt1,将数据输入 din 的信号也赋值为 cnt1。这样,当写有效的时候,就将 0、1、2、…、8 依次写入地址为 0、1、2、…、8 的内存地址。当写无效的时候,只执行读操作。由于是读优先模式,所以在写的时候,读出的应是上次内存中的旧值。

写信号先是无效的,因为最开始 cnt2 为 0。9 个周期过后,cnt2 为 1,写开始有效 9 个周期,然后周而复始。

一定要注意,因为在配置 IP 核的时候赋予了初值,所以第一次读的时候,读地址 0 ~ 8H 应该读出的是 800H、801H、…、808H,而不是 0H。

之后设置仿真文件为 sim1. v,执行仿真行为,仿真结果如图 7-32 所示。

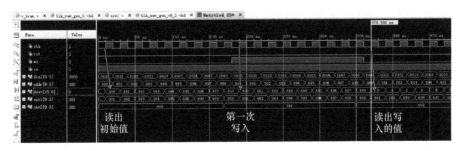

图 7-32 块 RAM 的 IP 核实例在 16 位宽度、800 深度即读优先模式下的仿真结果

由图 7-32 的仿真结果所示，输入信号符合预期。

在最开始的 cnt2 = 0 的 9 个周期，写无效，地址为 000H，当时钟上升沿到来时，读出的是十进制的 800（在信号上按右键在弹出菜单上设置显示格式为十进制，默认为十六进制）。然后随着地址的递增，依次读出 801 ~ 808。

当 cnt2 = 2 的时候写有效，在第 10 个时钟将 0 写入到地址 0H，但因为是读优先，所以时钟上升沿到来时，出现在 dout 上的值仍然是 800，但是 0 已经被写入到地址 0H 了！然后依次写入 1、2…3 到地址 1H、2H…8H。

当 cnt2 = 3 的时候写无效，从第 19 个周期开始，读出地址 0H 到地址 9H 的值，现在分别是 0、1、2…9 了。实验成功，已经拥有了可以放心使用的 BRAM 模块。

7.3.3 多通道示波器的设计思路

在本书前面章节所学习的所有内容的基础上，就可以进行简单的多通道示波器的设计与实现。需要参考的关键内容包括 VGA 显示、XADC 的使用及 BRAM 的使用。

需求：有 4 路模拟信号需要测量，可以在屏幕 300 × 200 的区域上根据拨码开关的位置，显示相应的模拟信号的波形。

设计思路如下：

1）使用真双口 RAM 作为显示内存，使用 VGA 显示屏左上角 300 × 200 的区域显示波形，因此 BRAM 设置容量为 300 × 200 × 16bit。设置端口 A 为写入端口，端口 B 为读出端口。将 IP 核设置好后，编写一个独立的显存管理模块调用生成的双端口 BRAM 实例。

2）构建 VGA 显示模块，当需要读取内存中的颜色时，送出对应显示内存地址，并读取显示内存中存储的颜色信息来显示。

3）构建 XADC 模块，可以使用 [程序实例 7.1] 已设计好的 XADC 模块。

4）构建波形发生器模块，波形发生器获取 XADC 模块采集得到的数据，然后根据拨码开关的位置对相应的测量值进行处理后将波形写入显示内存。由于使用真双口 RAM，所以写入操作和 VGA 模块对显示内存的读取操作是完全独立的，不会发生冲突。拨码开关的位置依次对应温度、内核电压、BRAM 电压、通道 vauxp7/vauxn7 电压、通道 vauxp8/vauxn8 电压、通道 vauxp12/vauxn12 电压、通道 vauxp14/vauxn14 电压。

5）实现时钟分频模块，分频出周期为 1ms 和 20ms 的时钟供其他模块使用，将时钟分频和按键处理统一编写成一个模块。

6）实现数码管显示，通过调用已设计好的动态显示 IP 核实现。根据拨码开关的位置显示温度、内核电压、BRAM 电压、通道 vauxp7/vauxn7 电压、通道 vauxp8/vauxn8 电压、通道 vauxp12/vauxn12 电压、通道 vauxp14/vauxn14 电压。

7）调用集成逻辑分析仪 ILA 的 IP 核，构建调试模块实现逻辑仪分析功能，监视下载后运行时的波形以帮助调试。

8）顶层模块调用以上模块。

9）对 VGA 显示模块、双端口显示内存管理模块、波形发生器模块做仿真文件，并对以上模块做综合仿真。仿真验证后再生成比特流文件，并在出现问题时使用逻辑仪分析功能帮助查看问题的原因。

之后，开始构建工程 p_bram_xadc_wave，设置工程的设备为 xc7a35tiftg256-1L，新建顶层 Verilog HDL 语言文件 v1. v，添加已经开发好的 XADC 采集模块以及加入数码管动态显示 IP 核，然后开始后续的开发。

7.3.4　显示内存设计及其访问模块构建及仿真

显示内存要提供数据给 VGA 显示模块，同时，波形发生器模块将波形数据写入到显示内存。因此，显示内存最好使用双端口，采用双端口的 BRAM 是比较好的选择，不占用 FPGA 的配置逻辑模块 CLB。使用 VGA 显示屏左上角 300×200 的区域显示波形，而每个 A/D 采集的数据是 12 位，根据 BRAM 的配置，没有 12 位无法实现，只能配置为 16 位，因此显示内存设置容量为 300×200×16bit，即宽度为 16 位，深度是 60000。

因此，显示内存的地址从 0 到 59999（16′h0000 ~ 16′hEA5F），占用空间为 60000×16bit = 960000bit，小于 xc7a35tiftg256-1L 能提供的 BRAM1800Kbit。

在 IP 目录中找到内存和存储 IP（Memory & Storage Elements）下的块内存生成器，进行设置，在基本页（见图 7-33）选择真双口 RAM（True Dual Port RAM），这时页框会多出一个端口 B 选项（Port B　Options）。

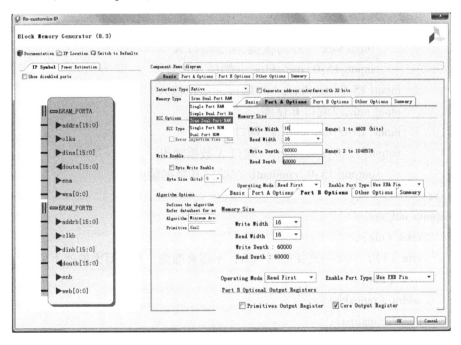

图 7-33　真双口 RAM 的配置

配置端口 A 和端口 B 为宽度 16 位，深度 60000。图 7-33 将端口 A 和 B 配置的部分截图覆盖在基本配置的页面之上。端口 A 使用了读优先模式，端口 B 也采用了读优先模式。决定采用端口 A 作为写端口，波形发生器从 A 端口写入数据；端口 B 作为读端口，VGA 显示模块从 B 端口读出数据。因此，将端口 B 的输出寄存器（Core Output Register）选中。使用输出寄存器将提高存储系统的性能，但会将输出额外延迟 1 个时钟周期。另外，在其他选项页，设置每个内存单元的初始值都是 16′h0F00（红色）。单击总结（Summary）页框，可以得到以下信息：

内存类型：真双口 RAM；

BRAM 资源 (18Kbit): 7;

BRAM 资源 (36Kbit): 25;

端口 A 读延迟: 1 个周期;

端口 B 读延迟: 2 个周期;

地址 A 宽度: 16 位;

地址 B 宽度: 16 位。

为什么选择读优先模式呢？因为，在写优先模式，如果在一个端口写入，那么另一个端口读取的可能是无效的，也就是说不保证数据的正确性。使用读模式就解决了这个问题，如果恰巧（有发生的可能性）两个端口的地址都是同一个，也不会发生错误，读/写都能正常地进行。

之后，单击"OK"按钮生成 IP 核实例代码。生成的代码是 VHDL 的，其模块名称为 dispram，接口如图 7-33 所示。新建 Verilog HDL 文件，编写显示内存访问模块代码，如 [程序实例 7.7] 所示。

[程序实例 7.7] 显示内存访问模块

```verilog
module u_ram_tdp(
            input clk,    //时钟输入
            input wea,    //写使能,用于端口 A
            input[15:0]ramaddra,//端口 A 地址
       input[15:0]ramdina,  //端口 A 数据输入
       input enb,//端口 B 使能
       input[15:0]ramaddrb,//端口 B 地址
       output[15:0]ramdouta,//端口 A 数据输出
            output[15:0]ramdoutb //端口 B 数据输出
    );
    dispram uut_ram (
       .clka (clk),
       .ena (1),     //一直使能端口 A,不需要除能,只要写无效就不可能写入
       .wea (wea),
       .addra (ramaddra),
       .dina (ramdina),
       .douta (ramdouta),
       .clkb (clk),
       .enb (enb),
       .web (0),    //端口 B 只用于读取,因此写永远无效
       .addrb (ramaddrb),
       .dinb (0), //端口 B 只用于读取,因此数据输入是什么都可以
       .doutb (ramdoutb)
    );
    endmodule
```

之后编写仿真程序对模块 u_ram_tdp 进行仿真，仿真代码如［程序实例 7.8］所示。

除非是特别简单的模块，在每个模块编写完成，保存不报错误，综合无错误的情况下，进行仿真可以大概率地验证代码的正确性，验证生成的逻辑和要实现的功能一致。

在包含多个文件的大工程中，每个模块没有仿真验证，甚至是单独做工程验证，最后的结果下载到目标板后，一次成功的概率基本等于 0。要排查问题所在，还是要找每个模块的问题。先对每个模块进行仿真是好的开发习惯！

好的工程师都拥有好的开发习惯！

小秘密：仿真比综合、实现、比特流生成快很多！

［程序实例 7.8］　显示内存仿真代码

```verilog
'timescale 1us/1ps
module simtdp;
reg clk = 0;
wire[15:0]ramdouta;
wire[15:0]ramdoutb;
reg[15:0]ramdina = 0;
reg[15:0]ramaddra = 0;
reg[15:0]ramaddrb = 2;
reg wea = 0;
reg enb = 1;
u_ram_tdp uutram (    //调用访问显存模块
        clk, wea, ramaddra, ramdina,
        enb, ramaddrb, ramdouta, ramdoutb
);
initial begin
  #105 wea = 1; //在 105ns 之后写使能
end
always # 10 clk = ~ clk; //模拟生成时钟
always @ (negedge clk) //下降沿触发
begin
    if (wea == 1) //如果写使能
    begin
            if (ramaddra == 10)         //仿真时只测试地址 0 ~ 10
                    ramaddra = 0;
            else
                    ramaddra = ramaddra + 1;
            if (ramaddrb == 10)
                    ramaddrb = 0;
            else
                    ramaddrb = ramaddrb + 1;
```

```
        end
            ramdina = ramaddra + 8;    //发送到显存地址 0 的数是 8,依此类推
        end
    endmodule
```

根据［程序实例 7.8］，50MHz 的时钟，1 个周期是 20ns。在 5 个周期后，使能开始有效，在第 6 个时钟周期的上升沿（110ns），将数据打入内存地址 0。

在内存被改写之前，每个单元的内容都是 16'h0F00。

在第 6 个时钟周期的下降沿（120ns），写地址 ramaddra 变为 1，读地址 ramaddrb 变为 3。在第 7 个时钟周期的上升沿（130ns），写入地址 1 数据 9。读地址 3 的值，因为是读模式，所以虽然写入了 9，但是读出的值应该是旧值 16'h0F00。

在第 8 个时钟周期的上升沿（150ns），写入地址 2 数据 10，读地址 4 的值。依此类推，在第 14 个周期的上升沿（270ns），写入地址 8 数据 16，读地址 10 到 ramdoutb。

在第 15 个周期的上升沿（290ns），写入地址是 9，读取地址是 0，可以读出上次写入的值 8 了！

执行仿真行为，得到如图 7-34 所示的真双口 RAM 仿真结果。

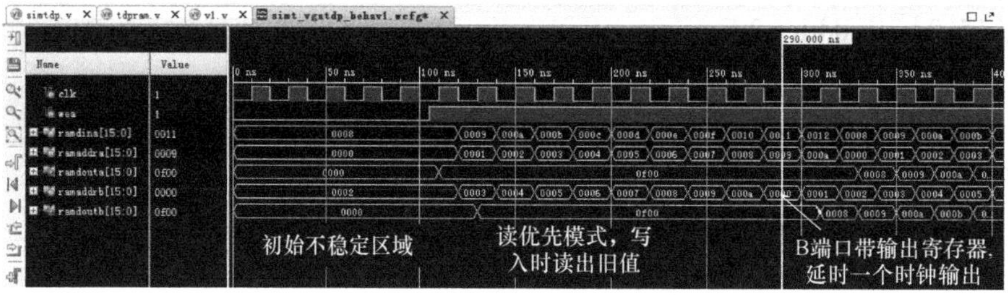

图 7-34　真双口 RAM 的仿真结果

在 290ns，读出地址 0000 的值到端口 B 的数据线 ramdoutb 上，因为加了输出寄存器，延迟 1 个时钟，在 310ns 获得 8。而对于端口 A，没有加输出寄存器，所以没有额外的 1 个时钟周期的延时。仿真结果说明显存访问模块设计正确。

7.3.5　波形发生器模块设计及仿真

波形生器模块将波形数据写入到显示内存的 A 端口。波形发生器应该完成以下功能：

1) 波形发生器能够读取 XADC 采集模块采集到的所有模拟信号的转换结果。

2) 波形发生器模块能将采集的结果以 50MHz 每个采集点的速度写入显示内存，并实现将模拟值转换为显示内存有效的像素点。

因此，波形发生器模块应该有和 XADC 采集模块的接口。这个设计很简单，按 XADC 模块的数据输出接口，设计波形发生器模块的数据输入接口即可。

对于将采集到的波形对应到显示内存，就比较复杂了。假设将采集到的数据以 8 位的格式存储到 reg［7：0］wave［0：299］这个 300 位的寄存器组成的分布内存中去，然后每毫秒将采集到的波形存储到这个内存。那么在显示的时候，以 50MHz 的高频率，根据行 row 和列 col 来刷新显存，首先是 0 行（0~299）的 0 列到 199 列并依次类推，直到写完 299 行

的 199 列。当写行 M 列 N 的时候，如果设置波形点为红色 16′h000F，背景为白色 16′h0FFF，那么就要判断 wave［N］的值是否为 M，如果为 M，就写 16′h0F00 画红色；如果为其他值，就写 16′h0FFF 画白色。

　　因为本实例设计的高度只有 200 个像素，所以对于采集到的数据点取高 7 位数值，那么最高值为 128，最低值为 0。当获得的值为 0 时，不应该出现在上部，因为这样下部就变成了高值区域，所以，在获得值的时候进行运算，可以用 190 - 获得值，这样图像就正过来了，而底部变成了 190 - 0 = 190，最高值为 190 - 128 = 62。图 7-35 显示了从 0 开始到最大值 128 的波形。

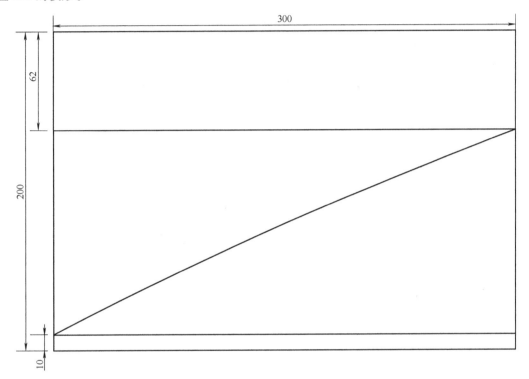

图 7-35　显示内存示意图

波形发生器代码如［程序实例 7.9］所示。

［程序实例 7.9］　波形发生器代码

```
module wavegenerator(
input DCLK,//DRP 时钟,50MHz 频率
input divclk,//分频模块产生的 1000Hz 时钟
input[7:0]sw,//拨码开关用来选择模拟输入通道
input RESET,//复位信号,暂时不用
output[15:0]   addr,//输出给显存 A 口的地址
output reg[15:0]color,//要写到显存的数据(颜色)
output reg wea,   //显存 A 口的写使能
input[15:0]MEASURED_TEMP,   //测量的温度值输入
```

```
input[15:0]MEASURED_VCCINT, //测量的内核电压输入
input [15:0] MEASURED_VCCBRAM, //测量的 BRAM 电压输入
input [15:0] MEASURED_AUX7,    //通道 7 测量值输入
input [15:0] MEASURED_AUX8,    //通道 8 测量值输入
input [15:0] MEASURED_AUX12,   //通道 12 测量值输入
input [15:0] MEASURED_AUX14    //通道 14 测量值输入
);

reg [7:0] wave [0:299]; //波形存储寄存器组（分布内存）
reg [7:0] npv; //测量值
reg [8:0] row, col; //行和列
reg [3:0] cnt = 0;    //计数值，用于屏蔽内存启动时的无效状态
reg [9:0] divcnt = 0; //用于获取测量结果的计数
initial
begin
    row = 0;
    col = 0;
    color = 0;
    wea = 0;
end
assign addr = row * 300 + col; //显示内存地址计算
always @ (negedge DCLK) //下降沿触发，因此显示内存是上升沿触发，错开时钟保
                         证写内存时地址和数据稳定
begin
    if (cnt == 12) //cnt 最大值 12，这样当 cnt 是 12 时才开始正式进行写内存操作，
                   让显示内存准备好

    cnt = cnt;
    else
begin
    if (cnt == 6) wea = 1; else wea = wea; //当 6 个时钟后就可以开始给出写信号
        cnt = cnt + 1;
    end;
end
always @ (negedge DCLK) //50MHz，下降沿触发，因此显示内存是上升沿触发，错
                         开时钟保证写内存时地址和数据稳定
begin
if (RESET) begin
        color = 0;
```

```
            row = 0;
            col = 0;
    end
else
begin
    if( cnt == 12)
    begin
        if( col == 299) //列从 0 到 299
            begin
                col = 0;
                if( row == 199)//行从 0 到 199
                begin
                    row = 0;
                end
                else
                    row = row + 1;
            end
            else
            begin
                col = col + 1;
            end
        end
        if( wave[ col] == row) //如果某列 col 采集的值 wave[ col]是等于行值的,那么
                                        应画蓝色
            color = 12'h00f;
        else   //否则,如果是最低值或最高值画水平线,绿色;否则画白色
            if( ( row == 190) || ( row == 62))
                    color = 12'h0f0;
            else
                    color = 12'hfff;
    end
end
always @ ( posedge divclk)//这里用于获取模拟值,写 wave 寄存器组
begin
    if( divcnt == 300) //divcnt 最大值就是 300
    begin
        divcnt < = divcnt;
    end
```

```
else
    divcnt < = divcnt +1;
casex(sw[7:0])  //根据拨码开关位置向 npv 赋值
8'b0000_0001: //显示 XADC 采集的温度值，原值高 12 位未翻译
begin
    npv = MEASURED_TEMP [15:9];
end
8'b0000_001X: //显示 XADC 采集的内核电压值，原值高 12 位未翻译
begin
        npv = MEASURED_VCCINT [15:9];
end
    8'b0000_01XX: //显示 XADC 采集的 BRAM 电压值，原值高 12 位未翻译
    begin
    npv = MEASURED_VCCBRAM [15:9];
    end
    8'b0000_1XXX: //显示 XADC 采集的 AUX7 模拟输入电压值，原值高 12 位
                  未翻译
    begin
    npv = MEASURED_AUX7 [15:9];
    end
    8'b0001_XXXX: //显示 XADC 采集的 AUX8 模拟输入电压值，原值高 12 位
                  未翻译
    begin
        npv = MEASURED_AUX8 [15:9];
    end
    8'b001X_XXXX: //显示 XADC 采集的 AUX12 模拟输入电压值，原值高 12
                  位未翻译
    begin
    npv = MEASURED_AUX12 [15:9];
    end
    8'b01XX_XXXX: //显示 XADC 采集的 AUX14 模拟输入电压值，原值高 12
                  位未翻译
    begin
    npv = MEASURED_AUX14 [15:9];
    end
    default: npv =0;    //这里给一个值 FEDC 表示未选择显示任何测量值
    endcase
npv = 190- npv; //对新采集的值进行调整，调整到合适的位置
```

```
    if(divcnt < =299)    //如果不到 300,一屏显示未满,将 npv 赋值给 wave[divcnt]
      wave[divcnt] < = npv;
    else
    begin
//如果是 300,一屏显示满了,移出 wave[0],移入 npv 到 wave[299]并将 wave[i+1]移
入 wave[i]
        wave[0] < = wave[1];
        wave[1] < = wave[2];
        wave[2] < = wave[3];
        …依次类推,此处省去 294 行(笔者这里的代码是使用 MATLAB 生成的!)
        wave[297] < = wave[298];
        wave[298] < = wave[299];
        wave[299] < = npv;
    end;
  end
endmodule
```

之后对波形发生器进行仿真,仿真代码如 [程序实例 7.10] 所示,仿真波形如图 7-36
所示。

[程序实例 7.10]　波形发生器仿真代码

```
module sim_wg;
reg clk =0;
wire[15:0]ramdina;
wire[15:0]ramaddra;
wire wea;
wavegenerator w1(
  . DCLK(clk),//DRP 时钟
  . RESET(1'b0),//复位信号
  . sw(8'b00000001),
  . addr(ramaddra),
  . color(ramdina),
  . divclk(clk),//仿真时使用 50MHz 时钟观察更容易分辨波形
  . wea(wea),
  . MEASURED_TEMP(16'hFFFF),
  . MEASURED_VCCINT(0),
  . MEASURED_VCCBRAM(0),
  . MEASURED_AUX7(0),
  . MEASURED_AUX8(0),
```

```
    . MEASURED_AUX12(0),
    . MEASURED_AUX14(0)
    );
always # 10 clk = ~ clk;
endmodule
```

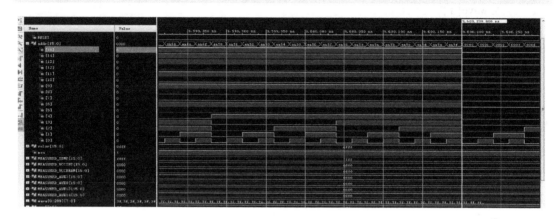

图 7-36   从仿真波形观察输出地址变化

显示内存的地址从 0 到 59999 （16′h0000 ~ 16′hEA5F），而实际产生的地址也为 16′h0000 ~ 16′hEA5F。再观察仿真程序产生的其他信号，包括写使能信号和送出的颜色数据，若都正确就可进行下一步。

7.3.6   VGA 显示驱动模块设计及仿真

VGA 显示模块，当需要读取内存中的颜色时，送出对应显示内存地址，并读取显示内存中存储的颜色信息来显示。

VGA 显示模块会拼命地扫描，发出水平同步信号和垂直同步信号，这些代码在 5.3 节已给出。当扫描到有效像素点时，应该向显示内存发出地址提取颜色。因此，要判断扫描到哪些点的时候（行和列）将地址加 1 送到显示内存。屏幕的区域如果设置为 800 × 600，而本设计的显示区域是 300 × 200，因此就算是有效的像素点，不在 300 × 200 区域范围内的，也不需要去访问显示内存，而应该直接给黑色。

另外，就算是得到了显示内存的地址，但是送给显示内存后，读取的操作要延时 2 个时钟周期，因此需要提前 2 个像素点发地址。所以，显示模块的代码如［程序实例 7.11］所示。

在这里提请注意的是，VGA 显示模块的代码笔者设计完成后仿真，地址输出是连续的，但是在下载到电路板后工程工作并不正常，屏幕上显示是乱的，这说明仿真也不一定就是正确的！

这是后面要用 Vivado 内置的逻辑分析仪的重要原因之一！

［程序实例 7.11］   VGA 显示模块代码

```
module v_vga1 (
    input clk_vga,
    input[ 11 :0]colour,
```

```verilog
output Hsync,
output Vsync,
output[3:0]vgaRed,
output[3:0]vgaGreen,
output[3:0]vgaBlue,
output reg[15:0]addr,
output reg enb
);
//800×600 50Hz 点刷新速率
parameter ta=80,tb=160,tc=800,td=16,te=1056,to=3,tp=21,tq=600,tr=1,ts=625;
reg[10:0]x_counter=0;
reg[10:0]y_counter=0;
reg[11:0]colour1=0;


always @ (negedge clk_vga) begin
begin
    if(x_counter==te-1)//水平像素点 0～te-1
    begin
        x_counter=0;
        if(y_counter==ts-1) //行 0～ts-1
        begin
            y_counter=0;
        end
        else
            y_counter=y_counter + 1;
    end
    else
    begin
        x_counter=x_counter + 1;
        //begin 生成地址获取颜色,设置颜色                              【1】
    if(((y_counter>=(to+tp))&&(y_counter<(to+tp+200)))    //这里用于生成扫
                                                            描内存的地址,
                                                              获取颜色
        if((x_counter>=(ta+tb-2))&&(x_counter<(ta+tb+300)))
        // -2 的目的是提前 2 个时钟周期发地址!
        begin
        if(x_counter>=(ta+tb+298)) //1 行的地址已经发完
            addr=addr;
```

```
                     else addr = addr + 1;//在 300 × 200 的可视区域内,对应内存中的
                                     颜色
                     enb = 1;//使能内存 B 通道
                     if( x_counter >= ( ta + tb ) )
                             colour1 = colour;   //从内存获得颜色,( ta + tb - 2 ) ~ ( ta +
                                             tb )的区域不需要获取颜色
                     else
                             colour1 = 12'h000;   //否则就是黑色
                 end
             else
             begin
                 enb = 0;
                 addr = addr;
                 colour1 = 12'h000;   //点不在有效区域,是黑色
             end
         else
         begin
             addr = 16'hffff;//为什么是 FFFF,因为若第一次在有效区域,加 1 后就
                         是 0 地址!
             enb = 0;
             colour1 = 12'h000;//行不在有效区域,一行的所有点都是黑色
         end
             //end 生成地址获取颜色,设置颜色
         end
     end
end
always @ ( x_counter or y_counter)
begin                                                              【2】
//这里面写实现"生成地址获取颜色,设置颜色"【1】处的代码,看起来是对的
//仿真也是对的
//但是实际得到的波形是错误的
//使用 ILA 逻辑分析仪可以看到地址是不连续的,因此移到上面的代码中实现
end
assign vgaRed[3:0] = colour1[11:8];
assign vgaGreen[3:0] = colour1[7:4];
assign vgaBlue[3:0] = colour1[3:0];
assign Hsync = ! ( x_counter < ta);
assign Vsync = ! ( y_counter < to);
endmodule
```

　　显示模块的代码本应该在 x_counter >=（ta + tb）时给出地址，但是这时候给出地址就晚了，因为 2 个时钟后才能得到显存的颜色，所以不得不提前到 x_counter >=（ta + tb - 2），这是关键所在。

　　【1】处的代码是后来从【2】处移上去的，在【2】处生成地址、处理颜色的代码从逻辑上来讲是，如果计数值发生变化，就根据计数值计算显存地址，而仿真也是正确的。但是真正实现起来是错误的，通过 Vivado 内置的逻辑分析仪观察到地址是不连续的！因此，这里的 always @（x_counter or y_counter）生成的组合逻辑应该是不可靠的，有兴趣的读者可以多观察生成的电路来进行判断。

　　仿真代码如［程序实例 7.12］所示。

［程序实例 7.12］　VGA 显示模块仿真代码

```
module sim_vga;
reg clk = 0;
reg[11:0]in = 12'h0f0;
wire Hsync,Vsync;
wire[3:0]vgaRed;
wire[3:0]vgaGreen;
wire[3:0]vgaBlue;
wire[15:0]addrb;
wire enb;
v_vga1 uut_vga(
  .clk_vga(clk),
  .colour(in),//12'h0f0),//
  .Hsync(Hsync),
  .Vsync(Vsync),
  .vgaRed(vgaRed),
    .vgaGreen(vgaGreen),
    .vgaBlue(vgaBlue),
    .addr(addrb),
    .enb(enb)
);
always #10 clk = ~clk;
endmodule
```

　　图 7-37 ～ 图 7-39 对仿真波形进行逐步放大观察，仿真结果是正确的。在设计完成以上模块后，再设计一个时钟分频和按键去抖模块（该模块非常简单，生成 1ms 和 20ms 的时钟并输出消抖后的按键信息），然后编写工程顶层模块，编译后即可完成整个设计开发。但是笔者在［程序实例 7.11］代码未修改之前，得到错误的运行结果，因此加入一个逻辑分析仪来进行观察是非常必要的。下面的小节是关于逻辑分析仪模块的。

图 7-37　VGA 显示模块仿真——观察垂直扫描信号

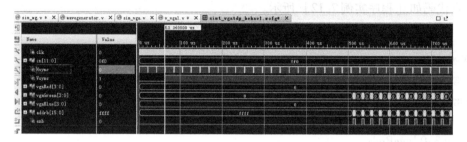

图 7-38　VGA 显示模块仿真——观察水平扫描信号和垂直扫描信号的关系

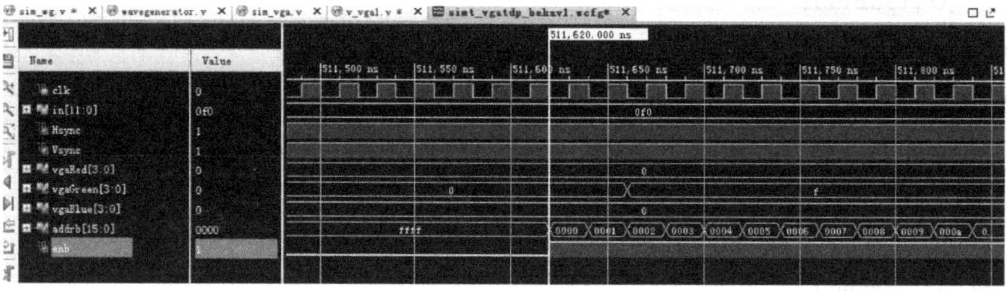

图 7-39　VGA 显示模块仿真——观察有效区域地址的连续输出

7.3.7　加入逻辑分析仪模块及顶层模块实现

逻辑分析仪是分析数字系统逻辑关系的仪器，可以同时对多条数据线上的数据流进行观察和测试，对复杂的数字系统的测试和分析十分有效。逻辑分析仪在时钟有效边沿从被测量信号线上采集信号，并显示数字信号波形，最主要作用在于时序判定。

当比特流文件下载到 FPGA 后，如果能用逻辑分析仪显示信号的波形，非常有利于分析和定位设计的问题。但是，对于 FPGA 的内部信号，如 VGA 显示模块输出的地址信号等，并没有引出到芯片的引脚，这时有一种方法叫调试钩方法。

如果发现设计不能正常工作，工程师就使用"调试钩"方法，先将要观察的 FPGA 内部信号引到引脚，然后用外部的逻辑分析仪捕获数据。然而当设计的复杂程度增加时，这个方法就不再适合了，因为设计很复杂时，通常完成设计后只有几个空余的引脚，或者根本就没有空余的引脚能用于调试。另外，如果使用调试钩方法，还需要大量修改程序、修改约束等，以及反复编译下载，而且还必须有外部的逻辑分析仪。

使用 Vivado 内置的逻辑分析仪这些问题就轻松地得到解决了。这个逻辑分析仪也是以

IP 核的形式存在的。

如图 7-40 所示，从 IP 目录中找到逻辑分析仪模块，然后双击，在弹出的配置窗口（见图 7-41）对 IP 进行配置。

图 7-40　内置逻辑分析仪 IP

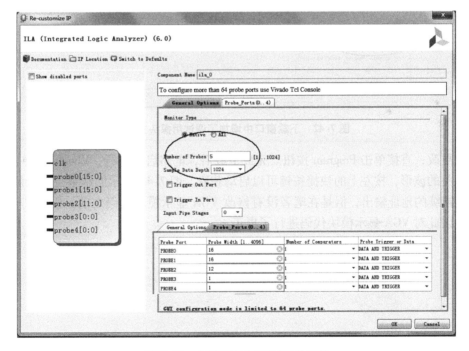

图 7-41　内置逻辑分析仪 IP 的配置

配置很简单，在常规选项页配置测试探头的数量为 5，采样深度是 1024。在探头端口配置页，配置每个探头的位数（宽度）。之后，单击"OK"按钮生成逻辑分析仪实例模块。很明显，在图 7-41 所示逻辑分析仪的逻辑符号上，已经可以知道生成的模块都有哪些接口了。

在顶层文件中实现调用分频模块、动态显示模块、逻辑分析仪模块、VGA 显示模块、内存访问模块、波形发生器模块、XADC 采集模块，其中对逻辑分析仪的调用部分如［程序实例 7.13］所示。

［程序实例 7.13］　逻辑分析仪调用代码

```
ila_0 u_ila1(
.clk(clk),
.probe0(ramdoutb),//观察从 RAM 中读取的内容
.probe1(ramaddrb),//观察 VGA 模块对 RAM 模块发送的地址信号
.probe2(ramdouta[11:0]),//备用
.probe3(enb),//观察 RAM 的 B 通道使能信号
.probe4(reset) //备用
);
```

编写约束文件，将工程综合、实现及比特流文件生成后，先使用 JTAG 方式下载验证。在下载时的下载窗口发生了变化，增加了调试用探头文件，如图 7-42 所示。

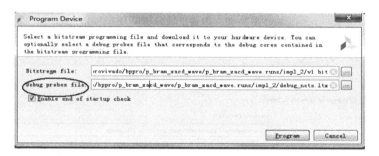

图 7-42　下载窗口中增加了调试用探头文件

无需更改，直接单击 Program 按钮。完成下载后，电路启动运行，Vivado 会弹出波形窗口显示探头的波形，按左上的快捷按键可以启动获取。图 7-43 所示的结果是正确的，ramdoutb 上是连续的地址输出，但是在笔者没有修改 VGA 显示模块代码之前，发现其输出是不连续的，因此对 VGA 显示模块代码进行了更正。

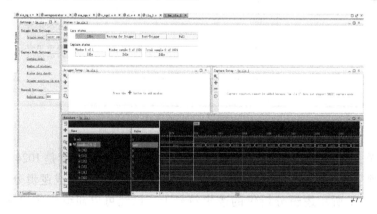

图 7-43　逻辑分析仪窗口

7.3.8　功能测试

生成比特流文件后，下载到电路板，采用信号发生器或其他设备提供波形。笔者使用现成的 STM32 开发板生成锯齿波，接到模拟输入通道 8 进行测试。将拨码开关拨动到 00010000，显示了通道 8 的波形如图 7-44 所示。

图 7-44　示波器测试

该示波器非常简单，如果作为产品是不足的，还需要做很多细致深入的工作才行。但是作为学习目的包含了工程开发的各个元素，使用了 VGA 显示模块、内存模块、XADC 采集模块、数码管动态显示模块及 Vivado 内置的逻辑分析仪等。在这个基础上按照需求进行改进，可以实现各种各样的产品。

在最后生成产品时，可以将逻辑分析仪模块去掉再生成代码，生成 BIN 文件下载到目标电路板的 Flash。

如果能够掌握这个工程，那么就具备了足够的 FPGA 开发能力。

1）论述如何实现对 XADC 进行配置以采集辅助通道 1 的模拟量。

2）简述 XADC 的操作模式。

3）如果要设置 XADC 采集 4 个通道的模拟量，如何实现？

4）什么是 XADC 的状态寄存器？状态寄存器 00H 的功能是什么？

5）什么是 XADC 的配置寄存器？配置寄存器 41H 的功能是什么？

6）画出 A/D 序列采集的流程图

7）什么是 BRAM？BRAM 能提供什么功能？容量是多少？

8）什么是真双口存储器？真双口存储器比单口存储器有哪些优势？

9）显示内存为什么使用真双口存储器？在本书的设计中为什么两个端口不采用写优先的模式？

10）画出波形发生模块的状态图。

11）画出 VGA 显示模块的状态图。

12）自己设计存储器，使用 VGA 显示器，自主设计实现温度值为 12 位芯片温度显示工程并测试。

附　　录

附录 A　xc7a35tftg256-1 引脚说明

表 A-1　xc7a35tftg256-1 引脚说明文件

引脚	引脚名字	内存分组	所属BANK	VCCAUX组	超级逻辑区	I/O类型	未　　用
H10	DONE_0	NA	0	NA	NA	CONFIG	NA
K8	DXP_0	NA	0	NA	NA	CONFIG	NA
G7	GNDADC_0	NA	0	NA	NA	CONFIG	NA
G8	VCCADC_0	NA	0	NA	NA	CONFIG	NA
J8	VREFP_0	NA	0	NA	NA	CONFIG	NA
J7	VN_0	NA	0	NA	NA	CONFIG	NA
F8	VCCBATT_0	NA	0	NA	NA	CONFIG	NA
L7	TCK_0	NA	0	NA	NA	CONFIG	NA
K7	DXN_0	NA	0	NA	NA	CONFIG	NA
H7	VREFN_0	NA	0	NA	NA	CONFIG	NA
H8	VP_0	NA	0	NA	NA	CONFIG	NA
E8	CCLK_0	NA	0	NA	NA	CONFIG	NA
M9	M0_0	NA	0	NA	NA	CONFIG	NA
M10	M1_0	NA	0	NA	NA	CONFIG	NA
K10	INIT_B_0	NA	0	NA	NA	CONFIG	NA
N7	TDI_0	NA	0	NA	NA	CONFIG	NA
N8	TDO_0	NA	0	NA	NA	CONFIG	NA
M11	M2_0	NA	0	NA	NA	CONFIG	NA
E7	CFGBVS_0	NA	0	NA	NA	CONFIG	NA
L9	PROGRAM_B_0	NA	0	NA	NA	CONFIG	NA
M7	TMS_0	NA	0	NA	NA	CONFIG	NA
K12	IO_0_14	NA	14	NA	NA	HR	NA
J13	IO_L1P_T0_D00_MOSI_14	0	14	NA	NA	HR	NA

（续）

引脚	引脚名字	内存分组	所属BANK	VCCAUX组	超级逻辑区	I/O类型	未用
J14	IO_L1N_T0_D01_DIN_14	0	14	NA	NA	HR	NA
K15	IO_L2P_T0_D02_14	0	14	NA	NA	HR	NA
K16	IO_L2N_T0_D03_14	0	14	NA	NA	HR	NA
L15	IO_L3P_T0_DQS_PUDC_B_14	0	14	NA	NA	HR	NA
M15	IO_L3N_T0_DQS_EMCCLK_14	0	14	NA	NA	HR	NA
L14	IO_L4P_T0_D04_14	0	14	NA	NA	HR	NA
M14	IO_L4N_T0_D05_14	0	14	NA	NA	HR	NA
K13	IO_L5P_T0_D06_14	0	14	NA	NA	HR	NA
L13	IO_L5N_T0_D07_14	0	14	NA	NA	HR	NA
L12	IO_L6P_T0_FCS_B_14	0	14	NA	NA	HR	NA
M12	IO_L6N_T0_D08_VREF_14	0	14	NA	NA	HR	NA
M16	IO_L7P_T1_D09_14	1	14	NA	NA	HR	NA
N16	IO_L7N_T1_D10_14	1	14	NA	NA	HR	NA
P15	IO_L8P_T1_D11_14	1	14	NA	NA	HR	NA
P16	IO_L8N_T1_D12_14	1	14	NA	NA	HR	NA
R15	IO_L9P_T1_DQS_14	1	14	NA	NA	HR	NA
R16	IO_L9N_T1_DQS_D13_14	1	14	NA	NA	HR	NA
T14	IO_L10P_T1_D14_14	1	14	NA	NA	HR	NA
T15	IO_L10N_T1_D15_14	1	14	NA	NA	HR	NA
N13	IO_L11P_T1_SRCC_14	1	14	NA	NA	HR	NA
P13	IO_L11N_T1_SRCC_14	1	14	NA	NA	HR	NA
N14	IO_L12P_T1_MRCC_14	1	14	NA	NA	HR	NA
P14	IO_L12N_T1_MRCC_14	1	14	NA	NA	HR	NA
N11	IO_L13P_T2_MRCC_14	2	14	NA	NA	HR	NA
N12	IO_L13N_T2_MRCC_14	2	14	NA	NA	HR	NA
P10	IO_L14P_T2_SRCC_14	2	14	NA	NA	HR	NA
P11	IO_L14N_T2_SRCC_14	2	14	NA	NA	HR	NA
R12	IO_L15P_T2_DQS_RDWR_B_14	2	14	NA	NA	HR	NA
T12	IO_L15N_T2_DQS_DOUT_CSO_B_14	2	14	NA	NA	HR	NA
R13	IO_L16P_T2_CSI_B_14	2	14	NA	NA	HR	NA
T13	IO_L16N_T2_A15_D31_14	2	14	NA	NA	HR	NA
R10	IO_L17P_T2_A14_D30_14	2	14	NA	NA	HR	NA
R11	IO_L17N_T2_A13_D29_14	2	14	NA	NA	HR	NA
N9	IO_L18P_T2_A12_D28_14	2	14	NA	NA	HR	NA
P9	IO_L18N_T2_A11_D27_14	2	14	NA	NA	HR	NA

（续）

引脚	引脚名字	内存分组	所属BANK	VCCAUX组	超级逻辑区	I/O类型	未用
M6	IO_L19P_T3_A10_D26_14	3	14	NA	NA	HR	NA
N6	IO_L19N_T3_A09_D25_VREF_14	3	14	NA	NA	HR	NA
P8	IO_L20P_T3_A08_D24_14	3	14	NA	NA	HR	NA
R8	IO_L20N_T3_A07_D23_14	3	14	NA	NA	HR	NA
T7	IO_L21P_T3_DQS_14	3	14	NA	NA	HR	NA
T8	IO_L21N_T3_DQS_A06_D22_14	3	14	NA	NA	HR	NA
T9	IO_L22P_T3_A05_D21_14	3	14	NA	NA	HR	NA
T10	IO_L22N_T3_A04_D20_14	3	14	NA	NA	HR	NA
R5	IO_L23P_T3_A03_D19_14	3	14	NA	NA	HR	NA
T5	IO_L23N_T3_A02_D18_14	3	14	NA	NA	HR	NA
R6	IO_L24P_T3_A01_D17_14	3	14	NA	NA	HR	NA
R7	IO_L24N_T3_A00_D16_14	3	14	NA	NA	HR	NA
P6	IO_25_14	NA	14	NA	NA	HR	NA
D10	IO_0_15	NA	15	NA	NA	HR	NA
C8	IO_L1P_T0_AD0P_15	0	15	NA	NA	HR	NA
C9	IO_L1N_T0_AD0N_15	0	15	NA	NA	HR	NA
A8	IO_L2P_T0_AD8P_15	0	15	NA	NA	HR	NA
A9	IO_L2N_T0_AD8N_15	0	15	NA	NA	HR	NA
B9	IO_L3P_T0_DQS_AD1P_15	0	15	NA	NA	HR	NA
A10	IO_L3N_T0_DQS_AD1N_15	0	15	NA	NA	HR	NA
B10	IO_L4P_T0_15	0	15	NA	NA	HR	NA
B11	IO_L4N_T0_15	0	15	NA	NA	HR	NA
B12	IO_L5P_T0_AD9P_15	0	15	NA	NA	HR	NA
A12	IO_L5N_T0_AD9N_15	0	15	NA	NA	HR	NA
D8	IO_L6P_T0_15	0	15	NA	NA	HR	NA
D9	IO_L6N_T0_VREF_15	0	15	NA	NA	HR	NA
A13	IO_L7P_T1_AD2P_15	1	15	NA	NA	HR	NA
A14	IO_L7N_T1_AD2N_15	1	15	NA	NA	HR	NA
C14	IO_L8P_T1_AD10P_15	1	15	NA	NA	HR	NA
B14	IO_L8N_T1_AD10N_15	1	15	NA	NA	HR	NA
B15	IO_L9P_T1_DQS_AD3P_15	1	15	NA	NA	HR	NA
A15	IO_L9N_T1_DQS_AD3N_15	1	15	NA	NA	HR	NA
C16	IO_L10P_T1_AD11P_15	1	15	NA	NA	HR	NA
B16	IO_L10N_T1_AD11N_15	1	15	NA	NA	HR	NA
C11	IO_L11P_T1_SRCC_15	1	15	NA	NA	HR	NA

（续）

引脚	引脚名字	内存分组	所属BANK	VCCAUX组	超级逻辑区	I/O类型	未 用
C12	IO_L11N_T1_SRCC_15	1	15	NA	NA	HR	NA
D13	IO_L12P_T1_MRCC_15	1	15	NA	NA	HR	NA
C13	IO_L12N_T1_MRCC_15	1	15	NA	NA	HR	NA
E12	IO_L13P_T2_MRCC_15	2	15	NA	NA	HR	NA
E13	IO_L13N_T2_MRCC_15	2	15	NA	NA	HR	NA
E11	IO_L14P_T2_SRCC_15	2	15	NA	NA	HR	NA
D11	IO_L14N_T2_SRCC_15	2	15	NA	NA	HR	NA
D14	IO_L15P_T2_DQS_15	2	15	NA	NA	HR	NA
D15	IO_L15N_T2_DQS_ADV_B_15	2	15	NA	NA	HR	NA
F12	IO_L16P_T2_A28_15	2	15	NA	NA	HR	NA
F13	IO_L16N_T2_A27_15	2	15	NA	NA	HR	NA
E16	IO_L17P_T2_A26_15	2	15	NA	NA	HR	NA
D16	IO_L17N_T2_A25_15	2	15	NA	NA	HR	NA
F15	IO_L18P_T2_A24_15	2	15	NA	NA	HR	NA
E15	IO_L18N_T2_A23_15	2	15	NA	NA	HR	NA
H11	IO_L19P_T3_A22_15	3	15	NA	NA	HR	NA
G12	IO_L19N_T3_A21_VREF_15	3	15	NA	NA	HR	NA
H12	IO_L20P_T3_A20_15	3	15	NA	NA	HR	NA
H13	IO_L20N_T3_A19_15	3	15	NA	NA	HR	NA
G14	IO_L21P_T3_DQS_15	3	15	NA	NA	HR	NA
F14	IO_L21N_T3_DQS_A18_15	3	15	NA	NA	HR	NA
H16	IO_L22P_T3_A17_15	3	15	NA	NA	HR	NA
G16	IO_L22N_T3_A16_15	3	15	NA	NA	HR	NA
J15	IO_L23P_T3_FOE_B_15	3	15	NA	NA	HR	NA
J16	IO_L23N_T3_FWE_B_15	3	15	NA	NA	HR	NA
H14	IO_L24P_T3_RS1_15	3	15	NA	NA	HR	NA
G15	IO_L24N_T3_RS0_15	3	15	NA	NA	HR	NA
G11	IO_25_15	NA	15	NA	NA	HR	NA
L5	IO_0_34	NA	34	NA	NA	HR	NA
L4	IO_L1P_T0_34	0	34	NA	NA	HR	NA
M4	IO_L1N_T0_34	0	34	NA	NA	HR	NA
M2	IO_L2P_T0_34	0	34	NA	NA	HR	NA
M1	IO_L2N_T0_34	0	34	NA	NA	HR	NA
N3	IO_L3P_T0_DQS_34	0	34	NA	NA	HR	NA
N2	IO_L3N_T0_DQS_34	0	34	NA	NA	HR	NA

（续）

引脚	引脚名字	内存分组	所属BANK	VCCAUX组	超级逻辑区	I/O类型	未　用
N1	IO_L4P_T0_34	0	34	NA	NA	HR	NA
P1	IO_L4N_T0_34	0	34	NA	NA	HR	NA
P4	IO_L5P_T0_34	0	34	NA	NA	HR	NA
P3	IO_L5N_T0_34	0	34	NA	NA	HR	NA
M5	IO_L6P_T0_34	0	34	NA	NA	HR	NA
N4	IO_L6N_T0_VREF_34	0	34	NA	NA	HR	NA
R2	IO_L7P_T1_34	1	34	NA	NA	HR	NA
R1	IO_L7N_T1_34	1	34	NA	NA	HR	NA
R3	IO_L8P_T1_34	1	34	NA	NA	HR	NA
T2	IO_L8N_T1_34	1	34	NA	NA	HR	NA
T4	IO_L9P_T1_DQS_34	1	34	NA	NA	HR	NA
T3	IO_L9N_T1_DQS_34	1	34	NA	NA	HR	NA
P5	IO_L10P_T1_34	1	34	NA	NA	HR	NA
E6	IO_0_35	NA	35	NA	NA	HR	NA
B7	IO_L1P_T0_AD4P_35	0	35	NA	NA	HR	NA
A7	IO_L1N_T0_AD4N_35	0	35	NA	NA	HR	NA
B6	IO_L2P_T0_AD12P_35	0	35	NA	NA	HR	NA
B5	IO_L2N_T0_AD12N_35	0	35	NA	NA	HR	NA
A5	IO_L3P_T0_DQS_AD5P_35	0	35	NA	NA	HR	NA
A4	IO_L3N_T0_DQS_AD5N_35	0	35	NA	NA	HR	NA
B4	IO_L4P_T0_35	0	35	NA	NA	HR	NA
A3	IO_L4N_T0_35	0	35	NA	NA	HR	NA
C7	IO_L5P_T0_AD13P_35	0	35	NA	NA	HR	NA
C6	IO_L5N_T0_AD13N_35	0	35	NA	NA	HR	NA
D6	IO_L6P_T0_35	0	35	NA	NA	HR	NA
D5	IO_L6N_T0_VREF_35	0	35	NA	NA	HR	NA
C3	IO_L7P_T1_AD6P_35	1	35	NA	NA	HR	NA
C2	IO_L7N_T1_AD6N_35	1	35	NA	NA	HR	NA
B2	IO_L8P_T1_AD14P_35	1	35	NA	NA	HR	NA
A2	IO_L8N_T1_AD14N_35	1	35	NA	NA	HR	NA
C1	IO_L9P_T1_DQS_AD7P_35	1	35	NA	NA	HR	NA
B1	IO_L9N_T1_DQS_AD7N_35	1	35	NA	NA	HR	NA
E2	IO_L10P_T1_AD15P_35	1	35	NA	NA	HR	NA
D1	IO_L10N_T1_AD15N_35	1	35	NA	NA	HR	NA
E3	IO_L11P_T1_SRCC_35	1	35	NA	NA	HR	NA

（续）

引脚	引脚名字	内存分组	所属BANK	VCCAUX组	超级逻辑区	I/O类型	未　　用
D3	IO_L11N_T1_SRCC_35	1	35	NA	NA	HR	NA
D4	IO_L12P_T1_MRCC_35	1	35	NA	NA	HR	NA
C4	IO_L12N_T1_MRCC_35	1	35	NA	NA	HR	NA
F5	IO_L13P_T2_MRCC_35	2	35	NA	NA	HR	NA
E5	IO_L13N_T2_MRCC_35	2	35	NA	NA	HR	NA
F4	IO_L14P_T2_SRCC_35	2	35	NA	NA	HR	NA
F3	IO_L14N_T2_SRCC_35	2	35	NA	NA	HR	NA
F2	IO_L15P_T2_DQS_35	2	35	NA	NA	HR	NA
E1	IO_L15N_T2_DQS_35	2	35	NA	NA	HR	NA
G5	IO_L16P_T2_35	2	35	NA	NA	HR	NA
G4	IO_L16N_T2_35	2	35	NA	NA	HR	NA
G2	IO_L17P_T2_35	2	35	NA	NA	HR	NA
G1	IO_L17N_T2_35	2	35	NA	NA	HR	NA
H5	IO_L18P_T2_35	2	35	NA	NA	HR	NA
H4	IO_L18N_T2_35	2	35	NA	NA	HR	NA
J5	IO_L19P_T3_35	3	35	NA	NA	HR	NA
J4	IO_L19N_T3_VREF_35	3	35	NA	NA	HR	NA
H2	IO_L20P_T3_35	3	35	NA	NA	HR	NA
H1	IO_L20N_T3_35	3	35	NA	NA	HR	NA
J3	IO_L21P_T3_DQS_35	3	35	NA	NA	HR	NA
H3	IO_L21N_T3_DQS_35	3	35	NA	NA	HR	NA
K1	IO_L22P_T3_35	3	35	NA	NA	HR	NA
J1	IO_L22N_T3_35	3	35	NA	NA	HR	NA
L3	IO_L23P_T3_35	3	35	NA	NA	HR	NA
L2	IO_L23N_T3_35	3	35	NA	NA	HR	NA
K3	IO_L24P_T3_35	3	35	NA	NA	HR	NA
K2	IO_L24N_T3_35	3	35	NA	NA	HR	NA
K5	IO_25_35	NA	35	NA	NA	HR	NA
A1	GND	NA	NA	NA	NA	NA	NA
A11	GND	NA	NA	NA	NA	NA	NA
B8	GND	NA	NA	NA	NA	NA	NA
C5	GND	NA	NA	NA	NA	NA	NA
C15	GND	NA	NA	NA	NA	NA	NA
D2	GND	NA	NA	NA	NA	NA	NA
D12	GND	NA	NA	NA	NA	NA	NA

（续）

引脚	引脚名字	内存分组	所属BANK	VCCAUX组	超级逻辑区	I/O类型	未　用
E9	GND	NA	NA	NA	NA	NA	NA
F6	GND	NA	NA	NA	NA	NA	NA
F10	GND	NA	NA	NA	NA	NA	NA
F16	GND	NA	NA	NA	NA	NA	NA
G3	GND	NA	NA	NA	NA	NA	NA
G9	GND	NA	NA	NA	NA	NA	NA
G13	GND	NA	NA	NA	NA	NA	NA
H6	GND	NA	NA	NA	NA	NA	NA
J9	GND	NA	NA	NA	NA	NA	NA
J11	GND	NA	NA	NA	NA	NA	NA
K4	GND	NA	NA	NA	NA	NA	NA
K6	GND	NA	NA	NA	NA	NA	NA
K14	GND	NA	NA	NA	NA	NA	NA
L1	GND	NA	NA	NA	NA	NA	NA
L11	GND	NA	NA	NA	NA	NA	NA
M8	GND	NA	NA	NA	NA	NA	NA
N5	GND	NA	NA	NA	NA	NA	NA
N15	GND	NA	NA	NA	NA	NA	NA
P2	GND	NA	NA	NA	NA	NA	NA
P12	GND	NA	NA	NA	NA	NA	NA
R9	GND	NA	NA	NA	NA	NA	NA
T6	GND	NA	NA	NA	NA	NA	NA
T16	GND	NA	NA	NA	NA	NA	NA
F7	VCCINT	NA	NA	NA	NA	NA	NA
F9	VCCINT	NA	NA	NA	NA	NA	NA
G6	VCCINT	NA	NA	NA	NA	NA	NA
H9	VCCINT	NA	NA	NA	NA	NA	NA
J6	VCCINT	NA	NA	NA	NA	NA	NA
K9	VCCINT	NA	NA	NA	NA	NA	NA
L8	VCCINT	NA	NA	NA	NA	NA	NA
G10	VCCAUX	NA	NA	NA	NA	NA	NA
J10	VCCAUX	NA	NA	NA	NA	NA	NA
K11	VCCAUX	NA	NA	NA	NA	NA	NA
L10	VCCAUX	NA	NA	NA	NA	NA	NA
L6	VCCO_0	NA	0	NA	NA	NA	NA

（续）

引脚	引脚名字	内存分组	所属BANK	VCCAUX组	超级逻辑区	I/O类型	未　　用
L16	VCCO_14	NA	14	NA	NA	NA	NA
M13	VCCO_14	NA	14	NA	NA	NA	NA
N10	VCCO_14	NA	14	NA	NA	NA	NA
P7	VCCO_14	NA	14	NA	NA	NA	NA
R14	VCCO_14	NA	14	NA	NA	NA	NA
T11	VCCO_14	NA	14	NA	NA	NA	NA
A16	VCCO_15	NA	15	NA	NA	NA	NA
B13	VCCO_15	NA	15	NA	NA	NA	NA
C10	VCCO_15	NA	15	NA	NA	NA	NA
E14	VCCO_15	NA	15	NA	NA	NA	NA
H15	VCCO_15	NA	15	NA	NA	NA	NA
J12	VCCO_15	NA	15	NA	NA	NA	NA
M3	VCCO_34	NA	34	NA	NA	NA	NA
R4	VCCO_34	NA	34	NA	NA	NA	NA
T1	VCCO_34	NA	34	NA	NA	NA	NA
A6	VCCO_35	NA	35	NA	NA	NA	NA
B3	VCCO_35	NA	35	NA	NA	NA	NA
D7	VCCO_35	NA	35	NA	NA	NA	NA
E4	VCCO_35	NA	35	NA	NA	NA	NA
F1	VCCO_35	NA	35	NA	NA	NA	NA
J2	VCCO_35	NA	35	NA	NA	NA	NA
E10	VCCBRAM	NA	NA	NA	NA	NA	NA
F11	VCCBRAM	NA	NA	NA	NA	NA	NA

附录 B　口袋实验板资源

实验板的主要信息为：

FPGA：xc7a35tftg256-1，FTG256 脚，具备 33280 个逻辑单元、5200 个 SLICE、41600 个触发器。可以分配 400Kbit 的分布式 RAM，具有 50 个 36Kbit 的 BRAM（1800Kbit）。另外具备 Artix-7 系列都具有的 XADC 及 DSP 功能，支持高达 16 路 6.6G 收发器、930 GMAC、1.2Gbit/s LVDS 和 DDR3。

该实验板具备以下功能和接口（B 型包含 A 型的全部功能，括号中为区别之处）。

1）4 位数码管。（B 型 6 位）

2）8 位 LED。（B 型 12 位，另外还具有 1 个蜂鸣器）

3）5 个独立的用户按键，1 位复位按键。（B 型采用 4×4 行列按键）

4）RS-232 通信接口，以及一个 TTL 或可以设置为其他电平模式的异步串行接口。（B 型串口转 USB，可通过 USB 线连 PC 实现异步串行通信）

5）1 个 VGA 接口。

6）24 位独立的 I/O 接口引出。

7）4 路差分或 4 路单端输入的 ADC 接口。（B 型还额外具有 2 路 DAC 输出）

8）1 个 JTAG 调试和下载接口，1 个 MacroUSB 供电接口。（B 型集成调试及下载器，通过 USB 可直接连接到 PC 供电和下载、调试）

9）采用 32Mbit 的 S25FL032 作为 Flash 存储器，用于对 FPGA 通过 SPI×4 接口进行配置。

说明：

本教材使用的实验电路板唯一淘宝地址是 brightpoint. taobao. com。可以在上善信科网站（www. satiit. com）获取相关信息及进行咨询，在爱板网论坛（www. eeboard. com/bp）进行交流和学习、下载代码及咨询。实验板由成都上善信科科技有限公司及上海有擎科技有限公司进行生产及销售，并提供相应的技术支持和服务。

口袋实验板目前有 A 和 B 两种类型，采用的 FPGA 芯片是相同的。书中代码采用了 A 型实验板编写，只需要修改约束文件就可以应用于 B 型。

通过 JTAG 接口对 FPGA 进行调试或对片上 SPI Flash 下载代码可实现永久配置。配置次数无限制。

A 型电路板需要额外配置下载调试器，B 型集成了下载调试器。

A 型电路板正面如图 B-1 所示，显示出了各个接口及芯片在板子上的位置。晶振采用 50MHz 有源晶振。通过片内的时钟管理 IP 可以得到高频时钟。

图 B-1　A 型口袋实验板正面

电路板的 VGA 接口可以直接接普通液晶显示器，RS-232 接口可以直接接串口线，B 型使用串口转 USB 取代 RS-232 接口。

引出的数字接口和模拟接口，用于实验目的时可使用杜邦线连接。

图 B-1 左上的拨码开关是电源开关，当前位置为开机位置。拨动到另一端将关闭供电。

图 B-2 为电路板背面，SPI Flash 焊接在电路板的背面。

图 B-3 为 B 型实验板正面，图 B-4 为 B 型实验板背面。

图 B-2　A 型口袋实验板背面

图 B-3　B 型口袋实验板正面

图 B-4　B 型口袋实验板背面

表 B-1 为 A 型实验板管脚功能分配表，表 B-2 为 A 型实验电路板所有接口的说明。表 B-3 为 B 型实验板管脚功能分配表。

表 B-1　A 型实验板管脚功能分配表

功　能	引　脚	名　称	类　型	方　向	备　注
CLK	D4	Clock	MRCC	输入	全局时钟输入
LED	R5	LED0	IO	输出	高有效
	T7	LED1	IO	输出	高有效
	T8	LED2	IO	输出	高有效
	T9	LED3	IO	输出	高有效
	T10	LED4	IO	输出	高有效
	T12	LED5	IO	输出	高有效
	T13	LED6	IO	输出	高有效
	T14	LED7	IO	输出	高有效
拨码开关	T5	SW0	IO	输入	
	R6	SW1	IO	输入	
	R7	SW2	IO	输入	
	R8	SW3	IO	输入	
	R10	SW4	IO	输入	
	R11	SW5	IO	输入	
	R12	SW6	IO	输入	
	R13	SW7	IO	输入	
按键	R16	BTNC	IO	输入	中间按键，按下高电平
	H16	BTNU	IO	输入	上方按键，按下高电平
	J15	BTNL	IO	输入	左边按键，按下高电平
	J16	BTNR	IO	输入	右边按键，按下高电平
	T15	BTND	IO	输入	下方按键，按下高电平
数码管	T4	AN0	IO	输出	位码 0
	T3	AN1	IO	输出	位码 1
	R1	AN2	IO	输出	位码 2
	M1	AN3	IO	输出	位码 3
	P1	CA	IO	输出	段码 A
	T2	CB	MRCC	输出	段码 B
	R2	CC	IO	输出	段码 C
	N1	CD	IO	输出	段码 D
	M2	CE	IO	输出	段码 E
	P3	CF	IO	输出	段码 F
	R3	CG	IO	输出	段码 G
	N2	DP	IO	输出	段码 DP
VGA	A10	vgaRed [0]	IO	输出	红色位 0
	A12	vgaRed [1]	IO	输出	红色位 1

（续）

功　能	引　脚	名　称	类　型	方　向	备　注
VGA	A13	vgaRed [2]	IO	输出	红色位 2
	A14	vgaRed [3]	IO	输出	红色位 3
	B16	vgaBlue [0]	IO	输出	蓝色位 0
	C14	vgaBlue [1]	IO	输出	蓝色位 1
	C16	vgaBlue [2]	IO	输出	蓝色位 2
	D14	vgaBlue [3]	IO	输出	蓝色位 3
	A15	vgaGreen [0]	IO	输出	绿色位 0
	B12	vgaGreen [1]	IO	输出	绿色位 1
	B14	vgaGreen [2]	IO	输出	绿色位 2
	B15	vgaGreen [3]	IO	输出	绿色位 3
	D15	Hsync	IO	输出	水平同步信号
	D16	Vsync	IO	输出	垂直同步信号
串口	A5	TXD	IO	输出	数据发送
	A7	RXD	IO	输入	数据接收
模数转换	C1	xauxp7	XADC	输入	接口 P4_1，模拟输入通道 7 高
	B1	xauxn7	XADC	输入	接口 P4_7，模拟输入通道 7 低
	B2	xauxp14	XADC	输入	接口 P4_2，模拟输入通道 14 高
	A2	xauxn14	XADC	输入	接口 P4_8，模拟输入通道 14 低
	B6	xauxp12	XADC	输入	接口 P4_3，模拟输入通道 12 高
	B5	xauxn12	XADC	输入	接口 P4_9，模拟输入通道 12 低
	A8	xauxp8	XADC	输入	接口 P4_4，模拟输入通道 8 高
	A9	xauxn8	XADC	输入	接口 P4_10，模拟输入通道 8 低
引出	E1	自定义	自定义	自定义	P1_1
	G2	自定义	自定义	自定义	P1_2
	H2	自定义	自定义	自定义	P1_3
	K1	自定义	自定义	自定义	P1_4
	G1	自定义	自定义	自定义	P1_7
	H1	自定义	自定义	自定义	P1_8
	J1	自定义	自定义	自定义	P1_9
	K2	自定义	自定义	自定义	P1_10
	G16	自定义	自定义	自定义	P2_1
	G14	自定义	自定义	自定义	P2_2
	E16	自定义	自定义	自定义	P2_3
	E13	自定义	自定义	自定义	P2_4
	G15	自定义	自定义	自定义	P2_7
	F15	自定义	自定义	自定义	P2_8

（续）

功　能	引　脚	名　称	类　型	方　向	备　注
引出	F14	自定义	自定义	自定义	P2_9
	E15	自定义	自定义	自定义	P2_10
	R15	自定义	自定义	自定义	P3_1
	P15	自定义	自定义	自定义	P3_2
	N14	自定义	自定义	自定义	P3_3
	M15	自定义	自定义	自定义	P3_4
	P14	自定义	自定义	自定义	P3_7
	P16	自定义	自定义	自定义	P3_8
	N16	自定义	自定义	自定义	P3_9
	M16	自定义	自定义	自定义	P3_10

表 B-2　A 型实验板接口说明

接　口	引　脚	对应 FPGA 引脚	功　能	备　注
P1（Pmod1）引出的扩展接口	1	E1	扩展	默认 IO
	2	G2	扩展	默认 IO
	3	H2	扩展	默认 IO
	4	K1	扩展	默认 IO
	5	GND	地	
	6	VCC3.3	电源	
	7	G1	扩展	默认 IO
	8	H1	扩展	默认 IO
	9	J1	扩展	默认 IO
	10	K2	扩展	默认 IO
	11	GND	地	
	12	VCC3.3	电源	
P2（Pmod2）引出的扩展接口	1	G16	扩展	默认 IO
	2	G14	扩展	默认 IO
	3	E16	扩展	默认 IO
	4	E13	扩展	默认 IO
	5	GND	地	
	6	VCC3.3	电源	
	7	G15	扩展	默认 IO
	8	F15	扩展	默认 IO
	9	F14	扩展	默认 IO
	10	E15	扩展	默认 IO
	11	GND	地	
	12	VCC3.3	电源	

（续）

接　口	引　脚	对应 FPGA 引脚	功　能	备　注
P3（Pmod3）引出的扩展接口	1	R15	扩展	默认 IO
	2	P15	扩展	默认 IO
	3	N14	扩展	默认 IO
	4	M15	扩展	默认 IO
	5	GND	地	
	6	VCC3.3	电源	
	7	P14	扩展	默认 IO
	8	P16	扩展	默认 IO
	9	N16	扩展	默认 IO
	10	M16	扩展	默认 IO
	11	GND	地	
	12	VCC3.3	电源	
P4（Pmod4）XADC 管脚或引出的扩展接口	1	C1	扩展，XADC 通道 7 +	默认 IO
	2	B2	扩展，XADC 通道 14 +	默认 IO
	3	B6	扩展，XADC 通道 12 +	默认 IO
	4	A8	扩展，XADC 通道 8 +	默认 IO
	5	GND	地	
	6	VCC3.3	电源	
	7	B1	扩展，XADC 通道 7-	默认 IO
	8	A2	扩展，XADC 通道 14-	默认 IO
	9	B5	扩展，XADC 通道 12-	默认 IO
	10	A9	扩展，XADC 通道 8-	默认 IO
	11	GND	地	
	12	VCC3.3	电源	
J10（RS232 串口）	2	TXD	扩展，XADC 通道 7 +	默认 IO
	3	RXD	扩展，XADC 通道 14 +	默认 IO
	5	GND	扩展，XADC 通道 12 +	默认 IO
UART（LVTTL 串口）	1	TXD	扩展，XADC 通道 7 +	默认 IO
	3	RXD	扩展，XADC 通道 14 +	默认 IO
	2	GND	扩展，XADC 通道 12 +	默认 IO
J1（VGA）	1	红	VGA 驱动	
	2	绿	VGA 驱动	
	3	兰	VGA 驱动	
	13	水平同步信号	VGA 驱动	
	14	垂直同步信号	VGA 驱动	

（续）

接　　口	引　　脚	对应 FPGA 引脚	功　　能	备　　注
J5（JTAG）	1	TCK	调试及下载	
	2	TMS	调试及下载	
	3	TDI	调试及下载	
	4	TDO	调试及下载	
	5	GND		
	6	VCC3.3		
JP1（模式配置）	1	GND		
	2	MODE2	模式配置	
	3	VCC3.3		
	4	MODE1	模式配置	MODE0 接 1
P1（电源）	1	VCC5V	电源	
	2	GND	地	
P2（电源）	1	VCC3.3V	电源	
	2	GND	地	
P3（电源）	1	VCC1.8V	电源	
	2	GND	地	
P4（电源）	1	VCC1V0	电源	
	2	GND	地	

表 B-3　B 型实验板管脚功能分配表

功　　能	引　　脚	名　　称	类　　型	方　　向	备　　注
CLK	D4	Global Clock	IO/MRCC	输入	全局时钟输入
Buzzer	L2	Buzzer Driver	IO	输出	蜂鸣器驱动
LED	P9	LED0	IO	输出	高有效
	R8	LED1	IO	输出	高有效
	R7	LED2	IO	输出	高有效
	T5	LED3	IO	输出	高有效
	N6	LED4	IO	输出	高有效
	T4	LED5	IO	输出	高有效
	T3	LED6	IO	输出	高有效
	T2	LED7	IO	输出	高有效
	R1	LED8	IO	输出	高有效
	G5	LED9	IO	输出	高有效
	H3	LED10	IO	输出	高有效
	E3	LED11	IO	输出	高有效

（续）

功　能	引　脚	名　称	类　型	方　向	备　注
拨码开关	T9	SW0	IO	输入	
	T8	SW1	IO	输入	
	T7	SW2	IO	输入	
	R6	SW3	IO	输入	
	P6	SW4	IO	输入	
	R5	SW5	IO	输入	
	P4	SW6	IO	输入	
	R3	SW7	IO	输入	
	R2	SW8	IO	输入	
	N4	SW9	IO	输入	
	H4	SW10	IO	输入	
	F3	SW11	IO	输入	
4×4 矩阵键盘	R10	ROW1	IO	输入/输出	行线1
	P10	ROW2	IO	输入/输出	行线2
	M6	ROW3	IO	输入/输出	行线3
	K3	ROW4	IO	输入/输出	行线4
	T10	COL1	IO	输入/输出	列线1
	R11	COL2	IO	输入/输出	列线2
	T12	COL3	IO	输入/输出	列线3
	R12	COL4	IO	输入/输出	列线4
数码管	N11	DIG0	IO	输出	位码0
	N14	DIG1	IO	输出	位码1
	N13	DIG2	IO	输出	位码2
	M12	DIG3	IO	输出	位码3
	H13	DIG4	IO	输出	位码4
	G12	DIG5	IO	输出	位码5
	P11	A	IO	输出	段码0
	N12	B	IO	输出	段码1
	L14	C	IO	输出	段码2
	K13	D	IO	输出	段码3
	K12	E	IO	输出	段码4
	P13	F	IO	输出	段码5
	M14	G	IO	输出	段码6
	L13	DP	IO	输出	段码7
VGA	F5	vgaRed［0］	IO	输出	红色位0
	F4	vgaRed［1］	IO	输出	红色位1

（续）

功　能	引　脚	名　称	类　型	方　向	备　注
VGA	M16	vgaRed [2]	IO	输出	红色位2
	M15	vgaRed [3]	IO	输出	红色位3
	R16	vgaBlue [0]	IO	输出	蓝色位0
	T15	vgaBlue [1]	IO	输出	蓝色位1
	P14	vgaBlue [2]	IO	输出	蓝色位2
	T14	vgaBlue [3]	IO	输出	蓝色位3
	N16	vgaGreen [0]	IO	输出	绿色位0
	P15	vgaGreen [1]	IO	输出	绿色位1
	P16	vgaGreen [2]	IO	输出	绿色位2
	R15	vgaGreen [3]	IO	输出	绿色位3
	R13	Hsync	IO	输出	水平同步信号
	T13	Vsync	IO	输出	垂直同步信号
串口	F12	TXD	IO	输出	数据发送
	F13	RXD	IO	输入	数据接收
DAC（TLC7528）	H1	$\overline{WR}$	IO	输出	写使能，低有效
	H2	$\overline{CS}$	IO	输出	片选，低有效
	J3	$\overline{DACA}/DACB$	IO	输出	数据选通输入： 低：DACA，高：DACB
	G1	DB0	IO	输出	DAC 数据 data0
	G2	DB1	IO	输出	DAC 数据 data1
	F2	DB2	IO	输出	DAC 数据 data2
	E1	DB3	IO	输出	DAC 数据 data3
	L3	DB4	IO	输出	DAC 数据 data4
	K1	DB5	IO	输出	DAC 数据 data5
	K2	DB6	IO	输出	DAC 数据 data6
	J1	DB7	IO	输出	DAC 数据 data7
模数转换（JD 插座）	VOB	DACB Output		输出	DACB 输出
	VOA	DACA Output		输出	DACA 输出
	B2	XADC1P	AD14P	输入	JD_3，模拟输入通道 14 高
	A2	XADC1N	AD14N	输入	JD_4，模拟输入通道 14 低
	C1	XADC2P	AD7P	输入	JD_3，模拟输入通道 7 高
	B1	XADC2N	AD7N	输入	JD_4，模拟输入通道 7 低
	C3	XADC3P	AD6P	输入	JD_5，模拟输入通道 6 高
	C2	XADC3N	AD6N	输入	JD_6，模拟输入通道 6 低
	E2	XADC4P	AD15P	输入	JD_7，模拟输入通道 15 高
	D1	XADC4N	AD15N	输入	JD_8，模拟输入通道 15 低

（续）

功　能	引　脚	名　称	类　型	方　向	备　注
JD 插座	M4	自定义	自定义	自定义	JD_9
	L4	自定义	自定义	自定义	JD_10
	N3	自定义	自定义	自定义	JD_11
	M1	自定义	自定义	自定义	JD_12
	M2	自定义	自定义	自定义	JD_13
	N1	自定义	自定义	自定义	JD_14
	N2	自定义	自定义	自定义	JD_15
	P1	自定义	自定义	自定义	JD_16
	P3	自定义	自定义	自定义	JD_17
	P5	自定义	自定义	自定义	JD_18
JC 插座	A3	自定义	自定义	自定义	JC_1
	D3	自定义	自定义	自定义	JC_2
	B4	自定义	自定义	自定义	JC_3
	A4	自定义	自定义	自定义	JC_4
	B5	自定义	自定义	自定义	JC_5
	A5	自定义	自定义	自定义	JC_6
	B6	自定义	自定义	自定义	JC_7
	B7	自定义	自定义	自定义	JC_8
	A7	自定义	自定义	自定义	JC_9
	C4	自定义	自定义	自定义	JC_10
	E5	自定义	自定义	自定义	JC_11
	D5	自定义	自定义	自定义	JC_12
	D6	自定义	自定义	自定义	JC_13
	C6	自定义	自定义	自定义	JC_14
	E6	自定义	自定义	自定义	JC_15
	C7	自定义	自定义	自定义	JC_16
	D8	自定义	自定义	自定义	JC_17
	D9	自定义	自定义	自定义	JC_18
	C9	自定义	自定义	自定义	JC_19
	D10	自定义	自定义	自定义	JC_20
JB 插座	A8	自定义	自定义	自定义	JB_1
	C8	自定义	自定义	自定义	JB_2
	B9	自定义	自定义	自定义	JB_3
	A9	自定义	自定义	自定义	JB_4
	B10	自定义	自定义	自定义	JB_5
	A10	自定义	自定义	自定义	JB_6

（续）

功　能	引　脚	名　称	类　型	方　向	备　注
JB 插座	B11	自定义	自定义	自定义	JB_7
	B12	自定义	自定义	自定义	JB_8
	A12	自定义	自定义	自定义	JB_9
	C12	自定义	自定义	自定义	JB_10
	A13	自定义	自定义	自定义	JB_11
	B14	自定义	自定义	自定义	JB_12
	A14	自定义	自定义	自定义	JB_13
	E11	自定义	自定义	自定义	JB_14
	C11	自定义	自定义	自定义	JB_15
	D11	自定义	自定义	自定义	JB_16
	C13	自定义	自定义	自定义	JB_17
	D13	自定义	自定义	自定义	JB_18
	E13	自定义	自定义	自定义	JB_19
	E12	自定义	自定义	自定义	JB_20
JA 插座	A15	自定义	自定义	自定义	JA_1
	B15	自定义	自定义	自定义	JA_2
	B16	自定义	自定义	自定义	JA_3
	C14	自定义	自定义	自定义	JA_4
	C16	自定义	自定义	自定义	JA_5
	D15	自定义	自定义	自定义	JA_6
	D16	自定义	自定义	自定义	JA_7
	D14	自定义	自定义	自定义	JA_8
	E16	自定义	自定义	自定义	JA_9
	E15	自定义	自定义	自定义	JA_10
	F15	自定义	自定义	自定义	JA_11
	G16	自定义	自定义	自定义	JA_12
	G15	自定义	自定义	自定义	JA_13
	H16	自定义	自定义	自定义	JA_14
	J15	自定义	自定义	自定义	JA_15
	J16	自定义	自定义	自定义	JA_16
	F14	自定义	自定义	自定义	JA_17
	G14	自定义	自定义	自定义	JA_18
	H12	自定义	自定义	自定义	JA_19
	H14	自定义	自定义	自定义	JA_20

附录 C　实验或课程设计教学安排

实验教学或课程设计是促进学生巩固知识，培养学生动手能力和应用能力的重要手段，是教学的重要方法。

本书的实验教学或课程设计主要涉及以实验电路板所用 Xilinx 7 系列 FAPG 为核心的 FPGA 系统的设计及开发，以及 VHDL 编程与仿真，有利于提高学生基础课程和专业知识综合的能力，有利于学生在以后的工作中有良好的开发基础，并提高综合素质。

1. 设计内容和要求

设计内容可以包含本书中已实现的内容，进行验证性实践，或进行扩展提出新的综合性甚至挑战性实践内容。学生要提交包括相应的原理、设计、实现及测试的最终的实验报告或课程设计报告，在有条件时要求学生做 PPT 并完成设计答辩。

2. 推荐学时安排

20-40 个学时左右，可根据情况裁剪。

1）基本多数表决器实验（2 学时）。

2）设计 138IP 核和使用 138IP 核实现多数表决器实验（2 学时）。

3）基于时钟同步机设计方法及状态图直接描述法设计序列发生器实验（2 学时）。

4）移位寄存器设计及使用移位寄存器实现序列发生器实验（2 学时）。

5）流水灯实验（2 学时）。

6）七位数码管动态显示实验（2 学时）。

7）设计数码管动态显示 IP 核及使用 IP 核实现显示拨码开关位置实验（2 学时）。

8）VGA 显示彩色条纹实验（2 学时）。

9）电子秒表设计实验（2 学时）。

10）串口模块设计与通信实验（4 学时）。

11）基于 XADC 的数字万用表实验（4 学时）。

12）使用基于 BRAM 的存储器 IP 核设计显示内存及 VGA 显示显存内容实验（2 ~ 4 学时）。

13）基于显示内存和 XADC 的图形示波器实验（4 ~ 6 学时）。

建议教师根据本书内容、实验板功能及学生专业和特点，剪裁或增加实验内容。建议使用口袋实验室方法，将实验板发给学生，让学生自主安排时间完成实验。学生完成实验后做 PPT 演示，在课堂进行演示和答辩，并进行讨论。在学生人数较多的情况下，建议对学生进行分组。

附录 D　分章节代码汇总

表 D-1　分章节代码汇总

序号	章　　节	工　程　名	内　　容	仿　真	硬　　件
1	第 3 章　组合逻辑电路与 Vivado 进阶	p_dsbjq	第一个工程，多数表决器	是	拨码开关、LED
2		p_74x138	3-8 译码器，IP 核	是	
3		p_dsbjq_useip	使用 3-8 译码器 IP 实现多数表决器	是	拨码开关、LED

（续）

序号	章　节	工　程　名	内　容	仿　真	硬　件
4	第4章　时序逻辑电路FPGA实现	p_seq_11001_1	时钟同步状态机设计方法构建11001序列发生器	是	LED
5		p_seq_11001_2	状态图直接描述法实现11001序列发生器	是	LED
6		p_74x163	同步计数器74x163的实现，IP	是	
7		p_74x194	移位寄存器74x194的实现，IP	是	
8		p_seq_11001_3	使用74x194IP核实现11001序列发生器	是	LED
9	第5章　FPGA基本实践	p_lsd	流水灯实践	否	LED、按键
10		p_dispsw	数码管动态显示拨码开关位置	否	LED、数码管、拨码开关
11		p_ip_disp	生成数码管动态显示IP核，IP	是	
12		p_dispsw_useip	数码管动态显示拨码开关位置（使用IP核）	否	LED、数码管、拨码开关
13		p_vga	VGA显示彩色条纹	是	VGA、LED、拨码开关
14	第6章　FPGA综合实践	p_ip_ajxd	按键消抖IP核	是	
15		p_clock	电子秒表	否	LED、数码管、拨码开关、按键
16		p_uart	串行UART通信	是	LED、数码管、拨码开关、按键、串行通信端口
17	第7章　FPGA进阶——XADC、BRAM原理及电压表和示波器设计	p_adc_multichan-nel	多通道电压表带温度显示	否	XADC、LED、数码管、拨码开关、按键
18		p_bram	BRAM的测试和仿真	是	
19		p_xadc_wave	多通道简易示波器	否	XADC、BRAM、VGA、LED、数码管、拨码开关、按键

附录 E　A 型实验板参考约束文件

##时钟

set_property PACKAGE_PIN D4 [get_ports clk]

set_property IOSTANDARD LVCMOS33 [get_ports clk]

##Button 按键

set_property PACKAGE_PIN R16 [get_ports btn [0]]

set_property IOSTANDARD LVCMOS33 [get_ports btn [0]]

set_property PACKAGE_PIN H16 [get_ports btn [1]]

set_property IOSTANDARD LVCMOS33 [get_ports btn [1]]

set_property PACKAGE_PIN J15 [get_ports btn [2]]

set_property IOSTANDARD LVCMOS33 [get_ports btn [2]]

set_property PACKAGE_PIN J16 [get_ports btn [3]]

set_property IOSTANDARD LVCMOS33 [get_ports btn [3]]

set_property PACKAGE_PIN T15 [get_ports btn [4]]

set_property IOSTANDARD LVCMOS33 [get_ports btn [4]]

Switches 拨码开关

set_property PACKAGE_PIN T5 [get_ports {sw [0]}]

set_property IOSTANDARD LVCMOS33 [get_ports {sw [0]}]

set_property PACKAGE_PIN R6 [get_ports {sw [1]}]

set_property IOSTANDARD LVCMOS33 [get_ports {sw [1]}]

set_property PACKAGE_PIN R7 [get_ports {sw [2]}]

set_property IOSTANDARD LVCMOS33 [get_ports {sw [2]}]

set_property PACKAGE_PIN R8 [get_ports {sw [3]}]

set_property IOSTANDARD LVCMOS33 [get_ports {sw [3]}]

set_property PACKAGE_PIN R10 [get_ports {sw [4]}]

set_property IOSTANDARD LVCMOS33 [get_ports {sw [4]}]

set_property PACKAGE_PIN R11 [get_ports {sw [5]}]

set_property IOSTANDARD LVCMOS33 [get_ports {sw [5]}]

set_property PACKAGE_PIN R12 [get_ports {sw [6]}]

set_property IOSTANDARD LVCMOS33 [get_ports {sw [6]}]

set_property PACKAGE_PIN R13 [get_ports {sw [7]}]

set_property IOSTANDARD LVCMOS33 [get_ports {sw [7]}]

##数码管段码位码

set_property PACKAGE_PIN P1 [get_ports {seg [0]}]

set_property IOSTANDARD LVCMOS33 [get_ports {seg [0]}]

set_property PACKAGE_PIN T2 [get_ports {seg [1]}]

set_property IOSTANDARD LVCMOS33 [get_ports {seg [1]}]

set_property PACKAGE_PIN R2 [get_ports { seg [2] }]
set_property IOSTANDARD LVCMOS33 [get_ports { seg [2] }]
set_property PACKAGE_PIN N1 [get_ports { seg [3] }]
set_property IOSTANDARD LVCMOS33 [get_ports { seg [3] }]
set_property PACKAGE_PIN M2 [get_ports { seg [4] }]
set_property IOSTANDARD LVCMOS33 [get_ports { seg [4] }]
set_property PACKAGE_PIN P3 [get_ports { seg [5] }]
set_property IOSTANDARD LVCMOS33 [get_ports { seg [5] }]
set_property PACKAGE_PIN R3 [get_ports { seg [6] }]
set_property IOSTANDARD LVCMOS33 [get_ports { seg [6] }]
set_property PACKAGE_PIN N2 [get_ports seg [7]]
set_property IOSTANDARD LVCMOS33 [get_ports seg [7]]
set_property PACKAGE_PIN T4 [get_ports { an [0] }]
set_property IOSTANDARD LVCMOS33 [get_ports { an [0] }]
set_property PACKAGE_PIN T3 [get_ports { an [1] }]
set_property IOSTANDARD LVCMOS33 [get_ports { an [1] }]
set_property PACKAGE_PIN R1 [get_ports { an [2] }]
set_property IOSTANDARD LVCMOS33 [get_ports { an [2] }]
set_property PACKAGE_PIN M1 [get_ports { an [3] }]
set_property IOSTANDARD LVCMOS33 [get_ports { an [3] }]
##led
set_property PACKAGE_PIN R5 [get_ports { led [0] }]
set_property PACKAGE_PIN T7 [get_ports { led [1] }]
set_property PACKAGE_PIN T8 [get_ports { led [2] }]
set_property PACKAGE_PIN T9 [get_ports { led [3] }]
set_property PACKAGE_PIN T10 [get_ports { led [4] }]
set_property PACKAGE_PIN T12 [get_ports { led [5] }]
set_property PACKAGE_PIN T13 [get_ports { led [6] }]
set_property PACKAGE_PIN T14 [get_ports { led [7] }]
set_property IOSTANDARD LVCMOS33 [get_ports { led [7] }]
set_property IOSTANDARD LVCMOS33 [get_ports { led [6] }]
set_property IOSTANDARD LVCMOS33 [get_ports { led [5] }]
set_property IOSTANDARD LVCMOS33 [get_ports { led [4] }]
set_property IOSTANDARD LVCMOS33 [get_ports { led [3] }]
set_property IOSTANDARD LVCMOS33 [get_ports { led [2] }]
set_property IOSTANDARD LVCMOS33 [get_ports { led [1] }]
set_property IOSTANDARD LVCMOS33 [get_ports { led [0] }]
#XADC
set_property IOSTANDARD LVCMOS33 [get_ports vauxp7]

```
set_property IOSTANDARD LVCMOS33 [get_ports vauxn7]
set_property IOSTANDARD LVCMOS33 [get_ports vauxp14]
set_property IOSTANDARD LVCMOS33 [get_ports vauxn14]
set_property IOSTANDARD LVCMOS33 [get_ports vauxp12]
set_property IOSTANDARD LVCMOS33 [get_ports vauxn12]
set_property IOSTANDARD LVCMOS33 [get_ports vauxp8]
set_property IOSTANDARD LVCMOS33 [get_ports vauxn8]
set_property PACKAGE_PIN C1 [get_ports vauxp7]
set_property PACKAGE_PIN B1 [get_ports vauxn7]
set_property PACKAGE_PIN B2 [get_ports vauxp14]
set_property PACKAGE_PIN A2 [get_ports vauxn14]
set_property PACKAGE_PIN B6 [get_ports vauxp12]
set_property PACKAGE_PIN B5 [get_ports vauxn12]
set_property PACKAGE_PIN A8 [get_ports vauxp8]
set_property PACKAGE_PIN A9 [get_ports vauxn8]
#VGA
set_property PACKAGE_PIN A10 [get_ports {vgaRed[0]}]
set_property IOSTANDARD LVCMOS33 [get_ports {vgaRed[0]}]
set_property PACKAGE_PIN A12 [get_ports {vgaRed[1]}]
set_property IOSTANDARD LVCMOS33 [get_ports {vgaRed[1]}]
set_property PACKAGE_PIN A13 [get_ports {vgaRed[2]}]
set_property IOSTANDARD LVCMOS33 [get_ports {vgaRed[2]}]
set_property PACKAGE_PIN A14 [get_ports {vgaRed[3]}]
set_property IOSTANDARD LVCMOS33 [get_ports {vgaRed[3]}]
set_property PACKAGE_PIN B16 [get_ports {vgaBlue[0]}]
set_property IOSTANDARD LVCMOS33 [get_ports {vgaBlue[0]}]
set_property PACKAGE_PIN C14 [get_ports {vgaBlue[1]}]
set_property IOSTANDARD LVCMOS33 [get_ports {vgaBlue[1]}]
set_property PACKAGE_PIN C16 [get_ports {vgaBlue[2]}]
set_property IOSTANDARD LVCMOS33 [get_ports {vgaBlue[2]}]
set_property PACKAGE_PIN D14 [get_ports {vgaBlue[3]}]
set_property IOSTANDARD LVCMOS33 [get_ports {vgaBlue[3]}]
set_property PACKAGE_PIN A15 [get_ports {vgaGreen[0]}]
set_property IOSTANDARD LVCMOS33 [get_ports {vgaGreen[0]}]
set_property PACKAGE_PIN B12 [get_ports {vgaGreen[1]}]
set_property IOSTANDARD LVCMOS33 [get_ports {vgaGreen[1]}]
set_property PACKAGE_PIN B14 [get_ports {vgaGreen[2]}]
set_property IOSTANDARD LVCMOS33 [get_ports {vgaGreen[2]}]
set_property PACKAGE_PIN B15 [get_ports {vgaGreen[3]}]
```

set_property IOSTANDARD LVCMOS33 [get_ports {vgaGreen [3]}]

set_property PACKAGE_PIN D15 [get_ports Hsync]

set_property IOSTANDARD LVCMOS33 [get_ports Hsync]

set_property PACKAGE_PIN D16 [get_ports Vsync]

set_property IOSTANDARD LVCMOS33 [get_ports Vsync]

#串口

set_property PACKAGE_PIN A5 [get_ports txd]

set_property IOSTANDARD LVCMOS33 [get_ports txd]

set_property PACKAGE_PIN A7 [get_ports rxd]

set_property IOSTANDARD LVCMOS33 [get_ports rxd]

参 考 文 献

［1］DS180，7 Series FPGAs Overview.

［2］DS181，Artix-7 FPGAs Data Sheet：DC and AC Switching Characteristics.

［3］DS182，Kintex-7 FPGAs Data Sheet：DC and AC Switching Characteristics.

［4］DS183，Virtex-7 T and XT FPGAs Data Sheet：DC and AC Switching Characteristics.

［5］UG470，7 Series FPGAs Configuration User Guide.

［6］UG471，7 Series FPGAs SelectIO Resources User Guide.

［7］UG472，7 Series FPGAs Clocking Resources User Guide.

［8］UG473，7 Series FPGAs Memory Resources User Guide.

［9］UG474，7 Series FPGAs Configurable Logic Block User Guide.

［10］UG475，7 Series FPGAs Packaging and Pinout User Guide.

［11］UG476，7 Series FPGAs GTX/GTH Transceivers User Guide.

［12］UG479，7 Series FPGAs DSP48E1 Slice User Guide.

［13］UG480，7 Series FPGAs and Zynq-7000 All Programmable SoC XADC Dual 12-Bit 1 MSPS ADC User Guide.

［14］UG482，7 Series FPGAs GTP Transceivers User Guide.

［15］UG483，7 Series FPGAs PCB Design Guide.

［16］姜书艳，金燕华，崔琳莉，等. 数字逻辑设计及应用［M］. 成都：电子科技大学出版社，2014.

［17］John F. Wakerly digital design pinciples and practices［M］. 4th ed. 北京：高等教育出版社，2012.

［18］www. xilinx. com.